销售的艺术

顾客行为心理学

李鑫声　编著

团结出版社

图书在版编目（CIP）数据

顾客行为心理学 / 李鑫声编著 . -- 北京 : 团结出版社 , 2019.4（2023.11 重印）
（销售的艺术）
ISBN 978-7-5126-6976-5

Ⅰ . ①顾… Ⅱ . ①李… Ⅲ . ①消费心理学—通俗读物 Ⅳ . ① F713.55-49

中国版本图书馆 CIP 数据核字（2019）第 082305 号

出　版：团结出版社
（北京市东城区东皇城根南街 84 号　邮编：100006）
电　话：（010）65228880　65244790（出版社）
（010）65238766　85113874　65133603（发行部）
（010）65133603（邮购）
网　址：http://www.tjpress.com
E-mail：zb65244790@vip.163.com
tjcbsfxb@163.com（发行部邮购）
经　销：全国新华书店
印　刷：金世嘉元（唐山）印务有限公司

开　本：145mm × 210mm　32 开
印　张：6 印张
字　数：110 千字
版　次：2019 年 4 月　第 1 版
印　次：2023 年 11 月　第 2 次印刷

书　号：978-7-5126-6976-5
定　价：29.80 元

前　言

刁难的顾客，对很多销售员而言就像无解的数学题。但顾客毕竟不是数学题，而且遵循“存在即合理”的原则。所以，正面强攻不成，销售员就要学会从顾客的行为心理入手，采取迂回进攻的策略。

俗话说，商场如战场。在这场没有硝烟的战争中，谁搞定顾客，谁就可以赢得市场；谁赢得市场，谁就可以拥有“天下”。顾客心理如同自然界中的天气，千变万化之际仍不失规律可循。如果说具体的察言、观色乃销售员针对顾客心理在实战中的应用，那么提前对其规律做一番梳理，才不至于临阵心慌。想客观、理性地了解顾客的心理世界，就要对它们进行系统地分类。好的销售员，可以临阵磨枪；优秀销售员，讲究知己知彼；精英销售员，知道未雨绸缪。

我们大家都知道，要想钓鱼，就必须站在鱼的角度考虑它喜欢吃什么，然后钓的时候就在钩上挂什么。同理，要想搞定顾客，也必须站在顾客的角度考虑问题，知道他心里想什么。事实上，顾客行为正是连接你的眼睛和顾客心理最可靠的桥梁。能不能感知到顾客的心理，不能简单地只看到他们的行为，还必须站在他们的角度对其行为做出科学的解释。当然，顾客行为绝不仅仅是有没有或者喜不喜欢这么简单。以小见大，我们可以通过顾客的面部表情、肢体动作、语言特点、行为习惯等，察其言、观其行、探其貌。俗话说："一千个莎士比亚，就有一千个哈姆雷特。"大意是，每一个作家笔下的人物都是不一样的，都有差别。任何微不足道的举动，只要用心观察，总会从中发现某些类似于观念的东西来。

顾客行为都有目的，心理变化也会遵循规律，只要销售员能够从顾客的外貌服饰、语言声音、肢体动作、面部表情、日常习惯等行为中，揣摩出他们的心理，就可以明确他们的目的，从而进行有针对性的说服。除此之外，本书也将顾客的心理规律以及行为特征等做了一番梳理，再结合具体的情境，对销售员了解顾客，会产生如虎添翼的效果。

所以，顾客行为心理学不仅是顾客内心的写照，更是潜藏着可供销售员挖掘的巨大宝库。最优秀的心理学家未必就是最好的销售员，但最优秀的销售员一定是对顾客行为心理学最了解的。

目　录

·第一章·

形成较强的人际吸引力

人们在交往过程中，人和人之间的交往程度，跟交往双方相互之间的吸引力有关。每个人都希望自己能成为他人所喜欢的人，而且喜欢自己的人越多越好，要使别人喜欢自己，就要让自己成为一个具有吸引力的人。

志趣相合才能聊到一块儿

没有人会对自己不喜欢的东西感兴趣。而如果自己喜爱的事情或物品，假如是有人在介绍或谈论就会注意听。这种心理也可以被销售人员在销售中吸引顾客时所利用。在销售过程中，销售人员要主动去迎合顾客的兴趣，找顾客感兴趣的话题来聊，借此拉近与顾客之间的距离，从而实现进一步的交流，为最终的销售铺平道路。

一般来说，与自己有共同兴趣爱好的人更容易接触，也更容易聊在一起，愿意参加类似的活动，在共同的活动中既能彼此接近又能相悦，从而使人际间的吸引力增强。在看待问题上，态度会比较一致，情意相投，志趣相合，在一起交往能正确反映自己的能力、感情和信仰，并能够得到支持和鼓励，所以，比较能够友好相处。误会和冲突比较少，相处会比较融洽。即使本来并不太熟悉，也比较容易消除陌生感，从而形成较强的人际吸引力。

销售人员和顾客之间的交易也是一种社会交往，如果双方没有共同语言，那是很难进行交流的，更别说推销商品。如果销售人员能够主动去迎合顾客的兴趣，谈论一些顾客喜欢的事情或人物，把顾客吸引过来，当顾客对你产生好感的时候，你们的交流，甚至交易就都是水到渠成的事情了。

当然，销售人员每天都会与许许多多的顾客接触，而自己也不是全能的，不是什么都喜欢，什么都知晓，并不能够迎合所有的顾客。这就要求销售人员要博闻强识，了解的东西越多，知识越丰富，就越能够自如地应付更多的顾客。一个优秀的销售人员一定是一本“百科全书”，他们需要懂很多的东西，即使不精通，也要了解大概，一旦某天和顾客谈起，也不会因为自己的无知而冷场，导致交流无法进行。销售人员只有懂得越多，才越能找到和顾客的共同点，使彼此相互吸引。

孙萌萌是某装潢公司的销售人员，一次她去拜访一位顾客——某公司的申经理。见面之后，孙萌萌先对自己公司的产品做了大体的说明，使申经理有所了解，并看看是否有需要的产品。但孙萌萌所介绍的这些内容申经理听得太多了，实在无法引起兴趣。孙萌萌发现顾客已经产生了一些倦怠的情绪，如果自己再这样说下去，肯定会引起对方的反感，这样很可能就会使生意泡汤。于是她努力寻找着能够吸引申经理的话题。

这时她发现申经理背后的书橱里放着许多关于《易经》方面的书，并且办公桌的案头也有一本看了一半的《易经》。于是她眼前一亮，找到了突破口。她说："我想申经理一定很喜欢中国古代的文化经典，想必对《易经》也是十分有研究的吧？"

本来昏昏欲睡的申经理听到对方谈到《易经》，一下又有了精神，说："是啊，略有研究。闲暇时喜欢琢磨琢磨。"

孙萌萌顺势说："其实，我也很喜欢中国古典文化，特别喜欢《易经》，它思想深邃，包罗万象，把宇宙与生命巧妙地结合在一起，透露出很多人生的真谛，很值得研究！"

申经理马上有了兴致，和孙萌萌讨论开来。孙萌萌的一些见解与申经理不谋而合，这无疑使申经理很是高兴。两人谈到中午还不尽兴，申经理非要拉着孙萌萌一起吃饭，边吃边聊。简直就是像遇到了知音。

后来申经理不仅买了孙萌萌的产品，还和她成为好朋友。而这一切的因缘只是孙萌萌在拜访申经理之前不久，刚刚读过《易经》，那时刚好派上用场，迎合了顾客的兴趣。如果孙萌萌没有读过《易经》，也就难以找到和申经理的共同话题，生意就难以做成。

因此，销售人员要想迎合顾客的兴趣，就要不断地为自己充电，除了过硬的专业知识素养外，销售人员还应该学习更多的知识，无论是天文、地理、时事、娱乐，还是古今中外的人物和事件，多了解、多积累，说不定哪天就会派上用场，帮助自己成功地迎合顾客兴趣，得到顾客的青睐，从而为销售创造出有利的条件。

正所谓话不投机半句多，没有哪种交易是推销人员与顾客一见面就成交的，都有一个相互了解和介绍过程，如果二者互相看着就别扭，下面的交易也就结束了。所以，销售人员不仅要不断提高自身的修养，练好基本功，还要善于在与顾客的交谈中发现顾客的兴趣所在，这样才能建立联系，使谈判继续下去，直至成交。

把握好赞美的原则

在人与人的相处中，相互的赞美会拉近彼此间的距离，对于销售也是如此。在与顾客沟通时，销售人员适时地表现出对对方的赞美，不仅能够有效活跃销售气氛，还能够给顾客留下好的印象，进而增加销售机会。

但是，销售人员所面对的顾客往往是形形色色的，即使赞誉是出于好意，效果也未必都是好的。因此，销售人员一定要把握好赞美的原则——赞美要具体。赞美越具体，顾客越开心。当然，前提是赞美要有的放矢，不能乱赞美。在顾客看来，赞美得具体，就表明你是懂他的，这就在无形之中拉近了你们之间的距离。那么，要想赞美得具体需要做到哪些呢？

1. 赞美要实在

在实际销售中，常常会有一些销售人员为了完成销售工作而使用客套的赞美之词，不分情况地对顾客进行赞美。譬如赞美皮肤状况差的女性皮肤好，赞美身材胖的男性挺拔等。其实，销售人员不切合实际的赞美或毫无诚意的赞美，不仅起不到活跃气氛的作用，反而会让顾客感到厌烦，因为这样的赞美如同取笑顾客。

2. 对别人没有发现的优点进行赞美

在赞美顾客时，销售人员通常会被一些模式化的赞美之词所控制，例如看到大眼睛的女孩，总是习惯赞美“你的眼睛真大”。其实，对于大眼睛女孩，一定在很多地方听过类似的赞美，如此反复，她就会慢慢习惯，不会再为别人说自己眼睛大而欣喜万分了。

其实，每个人都有一种希望别人注意自己不同凡响之处的心理。因此，在赞美顾客时，如果能适应这种心理，去观察、发现他异于别人的地方，并对其进行赞美，往往能收得意想不到的效果。例如，对于大眼睛的女孩，如果你能换一个角度说“你的眼神真美”或者说“一看你的眼睛就知道你是一个很有灵气的女孩”，如此就能给对方带来不同于以往的优越感受，从而让她更愿意与你展开交谈。

3. 不要脱离顾客进行赞美

在赞美顾客时，注意不要脱离顾客本身。在实际销售中，有些销售员虽然能够发现顾客身上的赞美点，但是却疏忽了与顾客本身的结合。例如，当顾客穿着一条漂亮的红裙子时，路人也许会对顾客赞美道：“你的裙子真漂亮！”但是这种赞美无论如何也只是在称赞裙子漂亮而已，却没有使顾客本身真正得到赞美。所以销售员不妨说：“你的裙子真漂亮，非常适合你的气质。”这样一来，不仅赞美了裙子，也赞美了顾客的气质，从而进一步满足了顾客内心对美的需求，也就赢取了顾客更多的好感。

4. 切忌空泛

抽象的东西往往不具体，难以给人留下深刻的印象。例如，销售人员只是含糊其词地赞美顾客，说一些“你的工作非常出色”或者“你是一位非常卓越的领导”等空泛的话语，根本不能引起顾客的好感，甚至会产生不必要的误解和信任危机，导致最终交易的失败。不如这样说，“你的决策具有很高的前瞻性”“大家都很佩服你的气度”等。

总的来说，在销售过程中，赞美顾客是必不可少的环节，赞美做到具体也不是件很困难的事情。只要你留心观察，细心体悟，就能够找到顾客的赞美点。你赞美得越具体，就越真实，而真实恰恰是突破顾客心理防线的钥匙。

适当恭维是一种美德

每个人都希望在消费的过程中享受一些优惠和特权，一方面得到了实惠，另一方面显得自己身份与众不同。销售人员要抓住顾客的这种心理，在合适时机适当地恭维一下对方，对方自然就会感觉自己受到尊重和礼遇。

实际上，适当恭维别人是一种美德，只是不要说那些不是出于内心的话。当你认为怎样恭维最恰当时，那就多恭维他几句，只要恭维得恰当，自己发自内心羡慕对方，对方埋藏于内心的自尊心被你所承认，那他一定非常高兴。

无论是谁，对待赞美之词都不会不开心，让别人开心，我们并不因此受损，何乐而不为呢？如果照这一准则办事，你几乎不会再遇到麻烦，它会给你带来无数的朋友，会让你时时感到幸福快乐。正如我们已经看到的那样，人性中最强烈的欲望是成为举足轻重的人，人性中最根深蒂固的本性是想得到赞赏。人之所以区别于动物，也正是因为有这种欲望。

按照马斯洛需求理论来解释，是因为人都有获得尊重的需要，即对力量、权势和信任的需要；对名誉、威望的向往；对地位、权利、受人尊重的追求。而赞美和恭维则会使人的这一需要得到极大的满足。正如心理学家所指出的：每个人都有渴求别人赞扬的心理期望，人一旦被认定其价值时，总是喜不自胜。

王晓是一家公司的部门高管，出于业务需要，经常带着顾客去一家商务会馆消费，于是，会馆的经理向王晓推荐了 VIP 会员卡的项目。王晓考虑了一下，觉得比较划算，就马上办理了一张会员卡。

有一次，王晓和几个顾客洽谈生意，但直到中午仍旧没什么进展，这让王晓的心情有点低落，但时间确实不早了，于是她便邀顾客在那家会馆吃饭。

不得不说这家会馆的服务水平还是相当不错的，顾客们都酒足饭饱，非常满意。吃完后王晓去前台结账，她出示了自己的会员卡，服务员接过去一看，是经理签字的会员卡，立刻满面笑容："王小姐，您这是我们经理亲笔签名的 VIP 卡，所以不仅酒水按七折算，海鲜也打八折。"这让王晓省了不少钱。

随后经理还亲自送来一盘水果布丁，并对王晓的那几位顾客说："王小姐是我们的老顾客了，经常在这儿消费。她这个人既讲信用，也很有义气，性格又好，能力出众，每次和她交谈我都受益匪浅，我真是太荣幸有这么优秀的客人了。这盘水果布丁是我免费送给大家品尝的，希望各位下次光临。"

那几位顾客看到这些，加深了对王晓的认可，回到公司之后，很快就同意了合作，连王晓自己都没想到会如此顺利。

王晓 VIP 会员的身份，不仅给她带来了实惠，而且显得特别有面子，更重要的是会馆经理不仅亲自送了水果布丁，而且当着王晓顾客的面对她不吝赞美之辞，这番恭维可谓是情真意切，让王晓的顾客对她刮目相看，并且间接地促成了他们的合作。

由此可见，适当的恭维在销售活动中是多么的重要。不管什么顾客，当听到这些恭维时，必然心花怒放、喜笑颜开。所以，每个销售人员都应该学习运用这种技巧，赢得顾客，让顾客乐意在你这儿消费或是购买你的产品。

另外千万注意，恭维顾客时一定要有诚恳的态度。只有态度诚恳，购买者才对你的恭维甘之如饴，你才能收到理想的效果，如果你的恭维毫无诚恳之意，让顾客感到虚伪，那么这样的恭维还是不要为好。

霍飞带女朋友去逛商场，走到一家首饰专柜的时候，女朋友的目光落在了一枚耳环上。

导购员热情地迎上前来："两位，晚上好，欢迎来到贵夫人首饰专柜！"

霍飞的女朋友对导购说："你能把这个耳环拿给我看看吗？"

"当然没问题。"导购员把耳环递给霍飞的女朋友，然后说："您真有眼光！这款耳环是我们刚进的货，它的造型非常别致，适合各种脸型的人佩带，您先试带一下可以吗？"

当霍飞的女朋友试带之后，看着镜子里的自己，感觉非常满意，转头问霍飞："好看吗？"

精致的耳环发出淡淡的金属光芒，确实很漂亮。但霍飞刚才看过了定价，888 元，实在让他有点心疼，于是对女朋友说："还行吧，嗯，要不我们再到下一家去看看，货比三家嘛。"

导购员一听就知道霍飞的购买欲望不是那么强烈，而且他的态度将直接决定这笔生意能否成交，于是对霍飞说："这位先生真是好福气，女朋友这么漂亮！而且，您也看到了，这枚耳环衬托得她更有气质了。"

听到这话，霍飞也知道这次不买是不行了，于是决定狠狠杀价，否则坚决不买，双方一时僵持不下。

经过一番口舌，导购员说："既然这样，我们可以在原有折扣上再给您一个小赠品，也算是表达我们的诚意，再说，送礼物给这么漂亮的女朋友，花再多的钱谁又会在意呢？而且你们真是般配，连我看着都特别羡慕呢。"

霍飞最终很高兴地买下了这副耳环，确实如导购员所说，买东西给自己的女朋友，花点钱又有什么好心疼的，毕竟女朋友打扮得漂亮了，自己也很有面子。

总之，正所谓顾客就是"上帝"，作为"上帝"，他们当然希望你能给他们特殊的关照。销售人员除了在经济上送给"上帝"一些切实的优惠之外，还要在适当的时候说些恰到好处的恭维话，让他们真正体验到作为消费者的尊严和风光，显得自己更有身份。

当顾客在表述自己的看法时，销售人员要认真聆听，这一点很重要，因为只有顾客愿意交流，推销活动才可能继续进行。凡是销售人员自己在那滔滔不绝的，推销80%都不会成功。也许有些销售人员会很奇怪：顾客是来买东西的，又不是来讲话的，他讲的话和产品有什么关系呢？其实，很多销售人员忘记了一件事情，顾客需要被关注，而关注他的方法就是学会倾听他说话。每个人都希望得到别人的关注，或者说，每个人都希望自己所讲的话别人愿意听、喜欢听。你的顾客尤其如此。丘吉尔曾经说过："倾听是银，沉默是金。"

沟通活动中，必要时保持沉默会很有价值，你的沉默不仅会让顾客认为你受到他所讲的话的吸引，而且也会为你自己赢得揣摩顾客心思的时间，这样对双方都有益的事情，为什么不多做一些呢？

有人说世界上最伟大的恭维，就是问对方在想什么，然后注意聆听他的回答。销售人员不仅要学会说，更要学会听。能言善辩是销售人员必备的基本技能之一，但是能说往往都只是在表达自己，以自我为中心，其实更多的时候，销售人员应该学会安静地聆听，听顾客说话，让顾客多表达自己的想法，这样才会以顾客为中心，让顾客感到受重视，满足表达自己的心理需求。

同时，销售人员还可以从顾客的表达中，获得有用的信息，帮助自己了解顾客的心理，从而实现有效的沟通。有时，说得太多太好未必是对的。自说自话的销售人员，容易以自我为中心，而忽略了顾客的心情和想法，不给顾客任何表达的机会。正因为销售人员的健谈，喧宾夺主，压住了顾客的光芒，必然引起顾客的反感和厌恶。因此，销售人员应该学会聆听顾客说话，认真地听，很有兴致地听，积极迎合地听，听懂顾客的话，弄明白顾客的心理，这样才会有的放矢，找到顾客的心理突破口。

销售人员不仅要学会聆听，还应该引导顾客去说，鼓励顾客多说他自己的事情，这才是聆听的真正秘诀所在。谈论他最感兴趣的话题是通往其内心的最佳捷径。销售人员可以从聆听中获得对销售最有用的信息，了解到顾客的真实想法和内心需求。据一项权威的调查显示，在最优秀的销售人员中，有高达75%的人在心理测验中被定义成内向的人，他们行事低调、为人随和，能够以顾客为中心。他们十分愿意了解顾客的想法和感觉，喜欢坐下来听顾客的谈话，他们对听话的兴趣往往比自我表述更大，而这些正是他们赢得顾客的秘诀。

销售大师乔·吉拉德的推销经验十分丰富。一次，乔·吉拉德推销一种品牌的汽车，当地某知名企业家想购买他的产品。企业家学历不是很高，白手起家，但是却很有做生意的头脑。乔·吉拉德像往常一样接待了这位客人，给他做了最详细的产品介绍，并推荐了几款最好的车型。原本以为交易会很顺利，但是结果却令吉拉德失望不已。

当天晚上，吉拉德反复琢磨问题出在哪里，可是总是得不到合理的答案。于是，他拨通了那位顾客的电话："先生，您今天有满意的车型吗？"

"是的，有。"那位先生说。

"但是您为什么走了呢？"吉拉德问道。

"你开玩笑吗？现在已经很晚了。"对方有点不耐烦。

"哦，非常抱歉。但是您可以说一下原因吗？对于一个失败的销售人员来说，这是很有意义的。"

"真的吗？"

"绝对！"

“好，你在听吗？”

“非常专心！”

“介绍产品的时候，你并没有专心。”那个人继续说道。原来他是打算要买下来的，因为这个车整体来说是符合他的要求的，也没有什么别的问题，但是在最后一秒钟他迟疑了，因为他发现吉拉德对他所讲的话并没有多大的兴趣，他讲什么吉拉德根本没有用心听。这就是他扬长而去的原因。

吉拉德回忆了一下，事实确实如此，当时他的心思全在另一位销售人员所讲的很有趣的笑话上了。

显而易见，只有善于倾听才会赢得顾客的信任，用心地聆听顾客说话，对销售人员实现成功销售是有很多益处的。在聆听的时候，销售人员要面向顾客，身体前倾，把目光集中在顾客的脸、嘴和眼睛上，让顾客感觉你会记住他所说的每一句话、每一个字。

对顾客的讲话表示出极大的兴趣，不仅是对顾客的尊敬，还能够用你的专注感染顾客，从而对你诉说更多，使彼此的谈话由表面的寒暄升级到真心的交流。聆听时，销售人员对顾客的观点和想法不要急于下结论，要等到顾客说完之后再发表自己的意见。即使你对顾客的观点表示不赞成，也要尽力控制自己的情绪，不要激动，更不能发怒，而是要努力找出你的产品或服务能带给顾客的更多好处，以此来说服顾客。

销售人员在听完顾客说话以后，要善于核实自己的理解，你可以不时地用“嗯”“哦”等回答向顾客表示你在认真听他说话，也可以适当发问或者对其谈话的内容进行重复，这样做会使你表现得足够诚恳，顾客内心就会得到满足，认为自己得到了关注，合作的机会就会变得很大。

很明显，推销过程中要多“听”顾客谈他们的理想，谈他们的需求以及他们高兴或者不高兴的事情，在听的基础上把这些信息迅速整合，发掘出顾客没有表达出来的想法。给予补充或者采取一些补救措施，这样推销的效果会变得更好。无论顾客是在称赞、抱怨、驳斥或是责难，销售人员都要仔细聆听，并适时表示关心与重视，这样才会赢得顾客的好感，并得到善意的回报。

距离远近与关系亲疏密切相关

空间距离从一定程度上反映了彼此之间在心理上的距离，距离的远近与关系的亲疏密切相关。销售人员要善于通过顾客与自己保持的距离来透视顾客的心理，还要善于利用空间的转换拉近自己与顾客之间的距离，增进彼此的情感，让顾客接受自己，进而接受自己的商品。

郭广是一名电子设备的销售员，他想把自己的电子设备推销给某工厂，便去拜访该厂的厂长，但是去了几次，效果并不是很好。第一次去，厂长避而不见。第二次去虽然让他进了办公室谈话，但是也没有让他坐，只是站着聊了几句，就说有事离开了。

但是郭广并不甘心，这一天他又来拜访这位厂长，恰好碰上厂长和自己的秘书正在费劲地搬一台打印机到自己的办公室里。于是郭广主动上前帮忙。郭广的热情和善意让厂长有所触动，于是便在忙完之后和他坐在下来聊起天来，最后愉快地同意试用他的电子设备。

心理学研究表明，空间距离与心理距离是密切相关的。每种关系都有着不同的距离范围，陌生人之间不会离得太近，亲人之间不会离得太远。

不可否认，销售人员与顾客初次见面彼此之间难免会有隔膜，顾客对销售人员避而远之也是情理之中的事情。销售人员不能因此而灰心失望，而是应该想方设法缩短彼此之间的距离，使顾客的心渐渐地向自己靠拢，接受自己并接受自己的商品。

美国人类学家爱德华·霍尔通过多年的观察和研究，发现了人们之间的四种距离。

1. 密切距离（0. 15~0. 45 米）

这是亲人之间的距离，如父母、恋人、夫妻之间，为了给对方以爱抚、安慰和保护而保持的较近的距离，使彼此伸手可触。关系比较密切的同伴也可以离得这样近。

2. 个体距离（0. 45~1. 2 米）

这是朋友之间的距离。能够拥抱或抓住对方的距离。对于对方的表情一目了然，适合促膝谈心。

3. 社会距离（1. 2~3. 6 米）

这样的距离超越了身体能接触的界限，是正式的社交场合人与人之间的距离，给人一种庄重感和严肃感。这种距离也适合在一起工作的同事之间，使彼此在工作时既不受他人影响，也不给别人增添麻烦。

4. 公众距离

分接近型（3. 6~7. 5 米）和远离型（7. 5 米以上）两种。适合于演讲等公共场合，说明说话人与听话人之间有许多问题或思想有待解决与交流。通过彼此之间的空间距离，一般能够比较准确地判断出自己与对方的关系和密切程度。

销售人员可以通过与顾客会面时顾客与自己保持的空间距离，来测量顾客与自己之间的心理距离，从而洞察顾客的情感变化，并善于运用空间距离的转换，使顾客的心向自己不断靠近。如果顾客始终把你挡在门外，或者即使把你请进门，也是隔着很远的距离，让你站着简单地说几句，这说明顾客对你的抗拒和防范心理是十分严重的，这样一来，生意很难成功。

如果顾客把你请进了家或者办公室，和你面对面隔着茶几或者办公桌，彼此坐着进行交谈，那么则表明顾客对你以及你的商品都是可以接受的，交易成功的可能性也就比较大。

如果顾客越过了彼此之间的隔离，愿意坐在你的身边，听你详细地讲解，那么只要你稍微争取一下，顾客就会购买你的商品。

因此，销售人员可以通过转换谈判场所来缩短彼此之间的距离，比如把会见的地点换成茶馆、酒吧、咖啡厅等比较休闲的场所，营造一种轻松和谐的氛围，减少心理上的陌生感，使双方的心理距离自然拉近。

同时，销售人员还要善于借助各种社交活动，如棋牌、保龄球等娱乐方式来了解顾客，和顾客尽快熟悉起来，并增进彼此的亲密感。

总之，销售人员不仅要努力地赢得顾客的信赖，缩短自己与顾客之间的距离，还要善于控制这种距离，保持必要的礼貌和尊重。如果销售人员和顾客的距离靠得太近，则会显得不庄重，反而会引起顾客的反感。销售人员一定要与顾客保持合适的距离，要既显得礼貌庄重，又不失礼节，才会使彼此的关系顺利发展。

适当示弱可赢得对方赞赏

销售人员在和顾客沟通时，千万注意不要口若悬河、喋喋不休，更不可锋芒毕露、咄咄逼人，否则不但不能得到顾客的认可，反而很容易弄巧成拙，给对方留下不好的印象。那样的话，后续的销售工作将寸步难行。

没有人喜欢处处表现得比自己优越的人，顾客更是如此，他们作为一个购买商品的人，始终掌握着销售活动的主动权，天生就有一种优越感。销售人员适当地向对方示弱，让对方表现得比自己优越，可以消除对方的敌意，并赢得对方的认可、赞赏，甚至友谊。

事实证明，顾客有各种各样的心理需求：受欢迎的需求、及时服务的需求、被理解的需求、被帮助的需求、受重视的需求、被称赞的需求等等。总之，销售人员要及时满足顾客的各种心理需求，给顾客以优越感，这也是促进销售的关键因素之一。

顾客的优越感被满足，初次见面的警戒心也就自然消失了，彼此距离拉近，能让双方的好感向前迈进一大步。

美国著名的商人迈克新开了一家零售店，有一天，一个中年男子到店里买搅蛋器。

店员问："先生，你是想要好一点的，还是要次一点的？"

那位男子听了显然有些不高兴："当然是要好的，不好的东西谁要？"

店员就把最好的一种"多佛"牌搅蛋器拿了出来给他看。男子看了问："这是最好的吗？"

"是的，而且是牌子最老的。""多少钱？""120 美元。"

"什么！为什么这样贵？我听说，最好的才六十几美元。"

“六十几美元的我们也有，但那不是最好的。”

“可是，也不至于差这么多钱呀!”

“差得并不多，还有十几美元一个的呢。”男子听了店员的话，马上面露不悦之色，想掉头离去。

迈克急忙赶了过去，对男子说：“先生，你想买搅蛋器是不是?我来介绍一种好产品给你。”

男子仿佛又有了兴趣，问：“什么样的?”

迈克拿出另外一种牌子来，说：“就是这一种，请你看一看，式样还不错吧?”

“多少钱?”“54美元。”

“照你店员刚才的说法，这不是最好的，我不要。”

“我的这位店员刚才没有说清楚，搅蛋器有好几种牌子，每种牌子都有最好的货，我刚拿出的这一种，是同品牌中最好的。”

“可是为什么比多佛牌的差那么多钱?”

“这是制造成本的关系。每种品牌的机器构造不一样，所用的材料也不同，所以在价格上会有出入。至于多佛牌的价钱高，有两个原因：一是它的牌子信誉好；二是它的容量大，适合做糕饼生意用。”迈克耐心地说。

男子脸色缓和了很多：“噢，原来是这样的。”

迈克又说：“其实，有很多人喜欢用这种新牌子的，就拿我来说吧，我就是用的这种牌子，性能并不怎么差。而且它有个最大的优点，体积小，用起来方便，一般家庭最适合。府上有多少人?”

男子回答：“5个。”

“那再适合不过了，我看你就拿这个回去用吧，担保不会让你失望。”

在这个案例中，顾客一进门就声称要最好的搅蛋器，表示他优越感很强，可是一听价钱太贵，又不肯承认自己舍不得买，自然会把不是推到销售人员头上，这是一般顾客的通病。迈克的销售成功之道就在于他摸清了顾客的心理，变换一种方式，在不损伤顾客优越感的情形下，使顾客买一种比较便宜的产品，维护了顾客的优越感。

从心理学的角度来讲，渴望被人重视，这是一种很普遍的、人人都有的心理需求，作为顾客也不例外。这种心理需求正好给销售人员推销自己的商品带来了一个很好的突破口。渴望获得重视的心理包含两个方面：一方面是希望得到别人的认可和赞美，使自己获得优越感；另一方面是不愿意被人轻视，从而使自己显得与众不同，以吸引别人注意。托马斯·福特说：谦恭有礼，人人欢迎。销售人员在销售过程中，通过谦恭有礼的言辞，热情主动的态度，迎合了顾客的心理需求，巧妙地促使顾客购买自己的产品。

张岩和孙君两个人一同出去推销公司的一种产品，他们一先一后到姚经理那里去推销。张岩是先去的那个，他进门之后就开始滔滔不绝地向姚经理介绍自己的产品多么多么的好、如何如何地适合他、他不购买就等于吃亏等等。这样的话不仅没有引起姚经理的兴趣，反而让他很反感，于是他很不客气地让人把张岩轰走了。

等到孙君又来的时候，姚经理知道他们推销的是同一种产品，本来不愿意见他，但是他又想听听孙君是怎样的一种说辞，于是就请孙君来到他的办公室。孙君进来后没有直接介绍自己的产品，而是很有礼貌地先说抱歉、打扰，然后又感谢姚经理百忙之中会见自己，还说了一些赞美和恭维的话，而对自己产品却只是简单地介绍了一下。可是姚经理始终都是一副很冷淡的样子，孙君觉得这笔生意已经很难做成，虽然心里多少有些失落，但他还是很诚恳地对姚经理说："谢谢姚经理，虽然我知道我们的产品是绝对适合您的，可惜我能力太差，无法说服您。我认输了，我想我应该告辞了。不过，在告辞之前，想请姚经理指出我的不足，以便让我有一个改进的机会。谢谢您了！”

这时，姚经理的态度突然变得很友好，很和善。他站起来拍拍孙君的肩膀笑着说：“你不要急着走，哈哈，我已经决定要买你的产品了。”

为什么张岩前来推销被轰出去，而孙君却能够成交，这就是一个满足顾客心理需求的问题。张岩只是滔滔不绝地介绍自己的产品，而忽略了对顾客起码的尊重和感谢，而孙君却始终对姚经理很恭敬很有礼貌，特别是自己最后临走时，还请求顾客指教，这让姚经理感受到了足够的重视，从而从情感上对孙君也表示了认同，自然也就促成了这笔交易。

因此，作为一名合格的销售人员，你要明白一点，那就是无论从价值链还是市场和企业生存的角度去看，顾客都是上帝。你要想顾客把一掷千金的劲头都用在你的身上，你就要首先想办法博得顾客的一笑，把你的顾客当成“上帝”一样伺候。销售人员切记自己一定要态度诚恳，言辞谦恭有礼，这样的话，才能真正让顾客体验到作为“上帝”的优越感，从而对你产生好感，顺利开启交易之门。

·第二章·

抓住顾客注意力

做销售工作的人比比皆是，一家稍微大一点的企业，每天甚至会有十几名销售员登门拜访。在这种情况下，客户很容易对销售员产生厌烦、抗拒心理。因此，如果想成为一名出色的销售员，我们就要利用一定的销售技巧，在最短的时间内，抓住客户的注意力。如果我们能吸引到客户，销售的成功率就会大大提高。

真诚的招呼最动人

做销售工作苦恼之一是什么？毫不夸张地说，就是如何向顾客发出“最初的攻势”，即和顾客打好招呼，因为只有先和顾客打好招呼、搭上话，消除与顾客的陌生感，下面的推销工作才会顺利展开。但是很多销售人员却不知道如何跟顾客打好招呼，害怕跟顾客打招呼的销售人员比比皆是。

通常，如果能在第一时间抓住顾客的注意力，销售就等于成功了一半，而抓住顾客注意力的第一步就是打好招呼，如果打招呼不能让顾客满意，顾客自然不会停下脚步听你说话，更别说和你交易了。

很多销售人员认为：既然我的任务是卖商品，那最好一看到顾客就开始介绍商品。结果，不管对方愿意不愿意听，他们上来就把商品的性能、材质等有关产品的知识一股脑儿讲了一大通，弄得顾客不胜其烦，一心想尽快脱离这里，又怎么可能驻足买你的商品呢？

可见，硬拉着顾客介绍产品是让顾客很讨厌的行为，没等你抓到顾客的心，顾客就已经落荒而逃了。所以，学会如何让顾客很自然地对商品产生兴趣，如何开口说第一句话就让顾客愿意听你说、愿意与你交流，对销售的成功是至关重要的。

与顾客打招呼的核心要素是真诚，因为真诚的打招呼最能打动人。

首先要注意眼神的交流，俗话说，眼睛是心灵的窗户，如果能通过眼睛把自己的诚意传达给顾客，是最好不过的了。特别是一些目标并不明确的顾客，进到店里只是在“猎取”可能合适的商品，这个时候销售人员能送上温柔的目光，并适时地报以微笑，相信会获得对方的好感。

其次，要注意态度热情和真诚。有些顾客虽然心有所属，但是却不愿意主动询问销售人员，这个时候销售人员要迅速上前，热情服务，比如“您好，您需要些什么？”此类关心的询问代表着销售人员在意顾客的需要，愿意为顾客提供服务，往往能带给顾客更多的好感。

要注意的是，对于老顾客而言，打招呼就不是简单地询问需要什么了，而是最好能从他上次购买的产品人手，这样反而一下子拉近了你们的距离。这样，交情并不算深的销售人员和顾客之间便会立刻熟悉起来，接下来的交流就顺理成章了。

因此，面对老顾客不妨这样打招呼：“很高兴再看见您，上次您买过的那件衣服感觉怎样？”或者“您来了，这次准备看点什么？”顾客感觉到你对他的关心，也就很乐意在你的帮助下选购商品。

再次，要注意灵活性。一些顾客不喜欢寒暄，喜欢直奔主题。对于这样的人，打招呼可以从商品本身人手，引领顾客进入消费的程序。

事实证明，寒暄在销售中并不是万能的，只要能学会抓住不同顾客的特点，灵活地运用各种打招呼的方法，就能抓住顾客的心，在销售中收获意想不到的效果。

销售商品的方法有很多，打招呼的方法也有很多。上面阐述的是打招呼的几个要点，具体方法则要区分不同情况酌情采用。

每个从事销售工作的人都想有好的业绩，而打招呼就好像是销售的“门面”，门面修好了，才能吸引顾客进来消费。

对于修好“门面”，有两点小的建议：

一是要学会突出品牌，欢迎顾客的光临很普遍，而欢迎顾客光顾某品牌则会显得与众不同，在打招呼的时候把自己产品的品牌加进去会获得顾客更大的关注。比如可以这样说："您好，欢迎光临××专柜。"

二是要学会留住顾客的脚步，卖场中竞争对手众多，怎么把顾客匆匆忙忙的脚步吸引到你的店里？最好能在和潜在顾客打招呼的时候就告诉他们你商品的特点，例如"亲爱的顾客朋友们，今年新款上市促销了！""××活动进行中，错过了您肯定会后悔哦！"等等具有吸引力的打招呼话语很轻易就能抓住顾客的耳朵和眼球。

无论你面对的是什么样的顾客，只要细心观察他们的性格喜好，抓住与其攀谈的线索，就能创造良好的沟通氛围，真正从头至尾做到让顾客心情放松，宾至如归，满足他们的消费心理。就能够在最开始的时候，在你跟顾客说出第一句话的时候就让对方满意，愿意和你继续交流。

好嘴胜过好腿

民间有句俗话说："好胳膊好腿不如一张好嘴。"对于销售人员来说，这句话再合适不过了。销售人员经常在外面跑，一天做几个小时的车，然后见顾客的时间可能也就是几十分钟，但是这几十分钟却是十分关键的，决定了销售的成败，决定了你跑了这么远的路是不是白跑。可见，销售员有一双好腿固然重要，可是有一张好嘴则更重要。

三个年轻人到一家大型百货供应公司应聘销售岗位，三人都被留下试用了。老板交给他们一个任务，三天时间看谁销售业绩好，谁将最终被留下。三天后，老板亲自一一过问，轮到第三个年轻人时，老板问他做了几单买卖。这个年轻人说：只有一单。

老板很失望，因为另外两名销售员可比第三位年轻人勤快多了，每天从早忙到晚，平均每天都能拿下六七个单子，看来眼前这个年轻人有些懒啊！那没说的，优胜劣汰，可以让他走人了。老板心里这样想。他又随意问了一句："你这一单，多少销售额啊？"

接下来，年轻人的回答让老板大跌眼镜："30 万美元。""什么，30 万美元？"老板有些不太相信，半天才回过神来，又问："真的是 30 万美元，那你卖了多少货啊？"

"事情是这样的，"年轻人说，"有位先生想要钓鱼，却不知道自己该用什么样的鱼钩，因为他从来没钓过鱼，空闲时间充裕，又很有钱，所以想钓鱼打发时间。我告诉他，在海上或江面钓鱼所用的鱼钩是不一样的。大、中、小三种鱼钩和鱼线我给他各拿了一套，此外还拿了鱼竿、鱼篓、折叠椅。我又问他去哪儿钓鱼，他说他准备去海边，于是我就建议他买条船，我带他去了我们卖船的分公司，他选中了一艘 6 米长有两个发动机的帆船。"

听到这里的时候，老板已经惊讶得不行了，又问："接下来又发生了什么？"

年轻人接着说："接下来我发现那位先生的大众牌汽车拖不动新买的帆船，于是我将他带到我们的汽车销售部门，他选中了一款丰田豪华车。他出手阔绰，不过他确实需要这些产品。"

老板有些瞠目结舌："真是让人难以相信，那位先生仅仅想买两个鱼钩，你却卖给他这么多东西。"

听到这儿，年轻人笑着说："不是这样的，他只是从我们这里路过，进来问我明天的天气如何，我告诉他明天天气晴朗，建议他明天去钓鱼。然后，我就把他需要的产品介绍给他了！"

这个案例可谓好嘴胜过好腿的经典案例，这个年轻人之所以创下销售奇迹，主要得益于两点：一是对商机的敏感把握；二是出色的口才。

"口能言之，国宝也。""三寸之舌可胜百万之师。""善言可息怒，良言胜重礼。"这些都是对口才艺术的高度认可。可以说，在人的各种能力中，说话能力是最能表现一个人的才干、见识、智慧和水平的标志。

成功学大师卡耐基曾说过这样一句话："一个人的成功，有15%取决于知识和技术，85%取决于沟通——发表自己意见的能力和激发他人热忱的能力。"可见，口才能力对于人的成功起着多么关键的力量。

如果拥有了才识、技能以及宝贵的经验，你还没有成功，甚至距离成功还很遥远，那么，你欠缺的可能就是良好的口才能力，它让你的才识、技能、经验无法得到良好的展示和发挥，你的综合实力因此也会大打折扣。

对销售行业而言，出色的口才能力尤为重要，因为销售是如何说、如何做的艺术，说对了，说好了，事半功倍，四两拨千斤。反之，说拧了，说错了，则事倍功半。

微笑是你递出的名片

微笑很简单，几乎人人都能做到，但是能一直保持微笑就难了。英国研究人员发现，人们通常会认为那些微笑着注视自己的人更有魅力，所以销售人员在和顾客打招呼、交谈的时候，如果能同时报以微笑，就等于递出了自己的一张名片，传递了这样的信息——很高兴见到您，很高兴与您认识，很高兴与您交谈。

心理学家曾经做过一个实验，要求志愿者评价呈现在电脑屏幕上的两张人脸图片哪个具有魅力。为了消除人脸的物理特征对偏好的影响，每次呈现的两张图片都是同一个人的照片，只是面部表情或者眼睛的注视方向不同。

实验结果发现，志愿者认为那些微笑的脸更具魅力，并且那些注视着志愿者的脸比注视着其他方向的脸具有更高的“魅力指数”。可见，人们更喜欢那些微笑着注视着自己的人。

在销售中，销售人员给顾客留下的第一印象是很重要的，可以说第一印象是双方交流的开始，在很大程度上影响着顾客以后对你的看法，也很有可能决定着将来能不能成交。所以要顾及自己的形象就要始终保持真诚的微笑。

微笑的价值是无穷的。人在微笑的时候精神是很放松的，这样的状态能吸引顾客主动和你交谈，而当你充满笑意的眼睛和顾客的目光相遇的时候，你会将放松的状态传递给对方，这样销售人员和顾客之间的气氛就缓和了不少，交流起来也就方便多了。所以不妨时刻提醒自己递出微笑的名片，以赢得顾客的好感。

于欢在一家报社任发行总监，他原来并不是做报纸发行的，而是一家印刷厂的厂长。他事业做得不错，社交场合也是应对自如，左右逢源。但是有一点，他不管做什么事，总是喜欢绷着脸，对自己的员工更是如此，因此不少员工背后都叫他“老虎”。

在他创办印刷厂的第五个年头，厂里的很多骨干纷纷跳槽走了，他采取了很多措施挽救流失的员工，最后仍无济于事，印刷厂也倒闭了。后来于欢终于想明白了，之所以自己的员工流失，是因为自己不会微笑。于欢后来应聘一家报社的发行部，他知道自己的弱点在哪里。于是制作了一种独一无二的“微笑名片”，名片上除了姓名和联系方式外，没有任何头衔，只印有一行醒目的字“你微笑，世界也微笑”，同时于欢在给顾客递出名片的时候总是保持善意的微笑，不管谈判过程多么激烈，他总是能保持微笑。

正因如此，短短8个月的时间，于欢就把报纸的发行业务搞得红红火火，对于日益激烈的报纸行业来说，于欢的业绩可谓是惊人的。没过多久于欢就被提拔为发行总监了。

微笑虽然轻而易举就可做到，但是微笑时要把握住一些细节，才会使微笑恰到好处，起到应有的效果。

1. 微笑的时机

什么时候展露你的笑容很重要，你应该在与交往对象目光接触的那一刻展现真诚微笑，表达友好。如果在与对方目光接触的那一刻还延续之前的表情，即使当时是微笑，也会让人感觉不是为自己而笑，从而感受不到你的真诚。

2. 微笑的层次变化

在与顾客交流的过程中，保持微笑是必要的，但程度却不是一成不变的，而是要有所变化，要有收有放。什么时候适宜浅浅一笑，眼中含笑；什么时候需要热情微笑、鼓励微笑，都是有讲究的，要根据交往过程中的交流情况和个人特点自然、随机地发生变化。

3. 微笑维持的长度

微笑是有长度的，最佳时间长度不宜超过3秒钟，时间过长会给人一种假笑或不礼貌的感觉。但也不宜时间过短，一闪即逝，同样会给人一种突兀和无礼的感觉。

这与整个交往过程中保持微笑是不矛盾的，因为在微笑的启动和收拢的过程中也蕴含着微笑的表情，并不是只有 3 秒钟的表情是微笑的。另外，再配合微笑中的层次变化，交往过程中就可一直保持微笑了。

如果你还不会真诚、自然地微笑，可以做以下练习，它会帮助你完成这个重要的礼仪环节。

（1）放松面部肌肉，微微向上翘起嘴角，使嘴唇略呈弧形。

（2）保持鼻子不被牵动、不露出牙齿以及牙龈的情况下，轻轻一笑。

（3）眉部、眼部、面部、口形在微笑时要保持和谐统一。

（4）为了使微笑真诚、自然、发自内心，可以在内心回忆美好的事物，这样的微笑真诚不做作。

微笑就是一张让顾客难以拒绝的名片，可以有效消除和顾客的陌生感，为接下来的推销工作打好基础。而微笑的标准，最起码的一点就是要发自内心地笑。对顾客来说，如果销售人员硬生生地挤出笑容，倒还不如不要笑。发自内心的微笑具有感染人的魅力，才会让顾客从心底里接受你。

礼貌用语是友好关系的敲门砖

俗话说："良言一句三冬暖，恶语伤人六月寒。"礼貌用语就属于"良言"之列。礼貌用语是尊重他人的具体表现，是友好关系的敲门砖，同时，也是打招呼的必要用语。

俄国一位著名的哲学家曾经说："生活中最重要的就是礼貌，它比一切学识以及最高智慧都重要。"虽然这句话有些夸张，但是生活中礼貌用语确实是必不可少的，它的作用和力量不容忽视，也不应该被忽视。

作为一个销售人员，在销售过程中，如果能恰到好处地用"谢谢""对不起""请""让您久等了"这些礼貌用语与顾客交流，必然有利于和顾客的沟通，有利于增进双方的关系。很多时候，一句得体的礼貌用语往往可以不费劲地打开顾客的心灵之门。

例如，销售人员在见到顾客时，通常会说："你好，吴先生，感谢你在百忙之中抽出时间来接见我，我是……"这样打招呼表现出了自己的修养，同时也满足了对方的一种心理需求——被尊重的需求。这样，对方多半会心情愉快地接受你的请求，愿意和你进一步交谈。

销售中，经常会用到的礼貌用语有很多，例如：您好、谢谢、抱歉、再见、请多关照、合作愉快等。

"您好"表示对顾客的尊重，"谢谢"表示对对方的感激，"很抱歉"表达自己的一种愧疚的心理。"对不起"是对不周到或者对顾客的要求无法做到时的歉语。在说这些礼貌用语时，语气一定要真诚，这样才能让对方感受到你是发自肺腑地表达，否则容易适得其反，让对方产生反感。

实际上，销售中要用到很多其他礼貌用语。总体来说，礼貌用语一般可分为问候语、欢迎语、致歉语等几种不同类型，下面分别予以简单介绍：

问候语，一般不强调具体内容，只表示一种礼貌。在使用上通常简洁、明了，不受场合的约束。无论在任何场合，与顾客见面都不应省略问候语。同时，无论顾客以何种方式向你表示问候，都应给予相应的回复，不可置之不理。

与顾客交谈时，常用的问候语主要有："你好""早上好""下午好""晚上好"等。与外国人见面问候招呼时，最好使用国际间比较通用的问候语，例如，英语应用 How do you do?（你好）等。

欢迎语，是接待来访顾客时必不可少的礼貌语，例如"欢迎您""欢迎各位光临""见到您很高兴"等。

致歉语，在销售过程中，有时难免会因为某种原因影响或打扰了顾客，尤其当自己失礼、失约、失陪、失手时，都应及时、主动、真心地向顾客表示歉意。常用的致歉语有"对不起""请原谅""很抱歉""失礼了""不好意思，让您久等了"等等。当你不好意思当面致歉时，还可以通过电话、手机短信等其他方式来表达。

请托语，是指当销售人员向顾客提出某种要求或请求时应使用的必要的语言。当你向顾客提出某种要求或请求时，一定要"请"字当先，而且态度语气要诚恳，不要低声下气，更不要趾高气扬。常用的请托语有"劳驾""借光""有劳您""让您费心了"等等。

征询语，是指在与顾客交谈中，应经常地、恰当地使用诸如"您有事需要帮忙吗""我能为您做些什么""您还有什么事吗""我可以进来吗""您不介意的话，我可以看一下吗""您看这样做行吗"等征询性的语言，这样会使顾客感觉受到尊重。

赞美语，是指向顾客表示称赞时使用的用语。在拜访中，要善于发现、欣赏顾客的优点长处，并能适时地给予对方以真挚的赞美。

这不仅能够缩短与顾客的心理距离，更重要的是它能够体现出你的宽容与善良的品质。常用的赞美语有“很好”“不错”“太棒了”“真了不起”“真漂亮”等。面对对方的赞美，你也应做出积极、恰当的反应。例如，“谢谢您的鼓励”“多亏了你”“您过奖了”“你也不错嘛”等。

拒绝语，是指当不便或不好直接说明本意时，采用婉转的词语加以暗示，使顾客意会的语言。在销售过程中，当顾客提出问题或要求，不好向对方回答“行”或“不行”时，可以用一些推脱的语言来拒绝。例如：当顾客的要求超出了你的权利范围，你可以委婉地说：

“对不起，这个问题我必须请示一下我们领导，能否麻烦您稍等一会儿我再给您答复？”

告别语，虽然给人几分客套之感，但也不失真诚与温馨。与顾客告别时神情应友善温和，语言要有分寸，具有委婉谦恭的特点。例如：“再次感谢您的光临，欢迎您再来”“非常高兴认识你，希望以后多联系”“十分感谢，后会有期”等。

绝大多数销售人员都知道这些礼貌用语，但是他们中有很多人却忽视使用这些礼貌用语时的注意事项，这样就容易造成这样一种情形：礼貌用语用了很多，但是却没有获得顾客的好感。主要原因就在于使用礼貌用语时没有注意和肢体语言进行良好配合。那么，在说礼貌用语时需要肢体语言如何配合，才能让礼貌用语发挥应有的作用呢？可参照下面三点：

1. 说礼貌用语时，语气要温和亲切，声音不能太高，也不能太小，更不要嗲声嗲气，否则，都很难让顾客产生好感。

2. 注意仪表神情，态度要适当谦恭。不能把姿态抬得太高，也不能放得太低，这两种都是不受欢迎的。姿态抬得太高，说话难免趾高气扬，即使是礼貌用语，也会让对方感觉你很做作；姿态放得太低，说话难免卑躬屈膝，这种情况下使用礼貌用语会让顾客误认为你是曲意逢迎。

3. 使用礼貌用语要有分寸，不能说得太多，也不能在不该省略的地方省略，以免给顾客留下不庄重的感觉。

总之，作为销售人员一定要谨记，在和顾客打招呼或者交谈时，礼貌用语不可或缺，同时也应该牢记使用礼貌用语时需要注意的事项，这样才能让礼貌用语发挥应有的作用，赢得顾客的好感，拉近和顾客之间的距离，为成功销售打下良好基础。

具有非凡的亲和力

凡是优秀的销售员都具有非凡的亲和力，具备亲和力的推销员才更容易跟顾客建立良好关系。彼此间有了良好的关系，生意就会很顺利地谈下去。

那么如何让自己拥有非凡的亲和力呢？在众多方法中，具有幽默感是行之有效的一种方法，它会让陌生人瞬间变得与你一见如故，日本保险业的推销之神原一平是这方面的表率，看看他是如何做的：

一次，原一平去推销保险，一见到对方他就来了个自我介绍：

“你好！我是明治保险的原一平。”

“喔……”对方的回答有些漫不经心。

对方端详他的名片有一阵子后，慢条斯理地抬头说：“两三天前曾来过一个某某保险公司的推销员，他话还没讲完，就被我赶走了。我是不会投保的，所以你多说无益，我看你还是快走吧，以免浪费你的时间。”

此人干脆利落，他考虑真周到，还要替原一平节省时间。

“真谢谢你的关心，你听完我的介绍之后，如果不满意的话，我当场切腹。无论如何，请你拨点时间给我吧！切腹，难道你不想看吗？”原一平一脸正经，甚至还装得有点生气地说。对方听了忍不住哈哈大笑，问：“你真的要切腹吗？”

“不错，就像这样一刀划下去……”原一平一边回答，一边用手比画。

“那你走着瞧吧！我非要你切腹不可。”

“来啊！既然怕切腹，我非要用心介绍不可啦！”

话说到此，原一平脸上的表情忽然从“正经”变为“鬼脸”，顾客和他不由自主地一起大笑起来。

上面这个事例的重点，就在设法逗顾客笑。只要你能创造出与顾客一起笑的场面，就突破了陌生这道难关，拉近了彼此的距离。下面让我们再看他的另一个实例：

“你好！我是明治保险的原一平。”

“哦！明治保险公司，你们公司的推销员昨天才来过。我最讨厌保险了，所以他昨天被我拒绝啦！”

“是吗？不过，我总比昨天那位同事英俊潇洒吧！”他跟对方开了一个小玩笑。

对方一脸正经地说：“什么？昨天那个仁兄长得高高的，比你好看多了。”

“矮个儿没坏人，再说辣椒是越小越辣！俗话说‘浓缩的都是精品’吗？这句话可不是我说的，不过用在我身上正合适，就好像是为我量身打造的。”

“哈哈！你这个人真有意思。”顾客忍不住笑了。

当两个人同时开怀大笑时，陌生感就消失了，彼此的心在某一点上实现了相通。对一个销售人员而言，能创造一个与顾客齐声大笑的场面，必定是一个成功的前奏。

幽默是一种丰富的养料，具有特殊的力量，美国第一任总统华盛顿曾经说：“世界上有三件事是真实的——上帝的存在、人类的愚蠢和令人好笑的事情。前两者是我们难以理喻的；所以我们必须利用第三者大做文章。”

一个销售员如果掌握了幽默的武器，适时将故事、笑话运用在谈话中，将使语言更生动有趣，也必将有助于与顾客的交流沟通。

成功的开场白有非凡的吸引力

对于销售而言，开场白指的是销售人员接触目标顾客时，在最开始向对方所讲的话。成功的开场白应具有非凡的吸引力，能够迅速激起顾客的兴趣，让对方在繁忙的事务中愿意抽出时间来听你深入介绍产品或解说详情，从而为最终达成交易迈出关键的一步。

开场白有很多种，陈诉式、请教式、悬念式、他人引荐式等等，无论哪一种开场白，礼貌都是最重要的，正所谓凡事礼貌先行，不讲礼貌的开场白只会引来对方的反感，令双方不欢而散。因此，礼貌可以说是开场白的“生命”。

比如，销售员在初见顾客时，这样说：“感谢你在百忙之中抽出时间来见我，我是……”这样做既表达了对顾客的感激之情，也表现出了自己的修养，同时也满足了顾客的一种心理需求——被尊重的需求。这样一来，顾客就会不知不觉地对这个销售员产生好感，从而愿意和对方进一步交谈。

下面 4 类开场白是第一次约见顾客时，比较常用的，它们会给顾客一种很受用的感觉，容易被其所接受，不妨用心揣摩一下：

1. 设置悬念式

很多销售人员在拜访顾客时往往不知道该如何开场，由此在还没有见到正主或者没有谈到正题的时候，就被打发走了，因此一定要事先设计好开场白。悬念式开场白在一定程度上可以避免这一点。

一保险推销员前去拜访顾客，见到顾客后，他问道：“马总，请问您要买救生圈吗？”

顾客回答：“我买救生圈干什么，我不需要。”

推销员继续问道：“如果某天您乘坐一艘小船去海里玩，结果发生意外，小船漏水了，逐渐地下沉，这个时候您需要一个救生圈吗？”

“这种情况下，当然需要了。这还用问吗？你要说什么？”顾客虽然不高兴，但显然有了兴趣。

“不过，这时候它的价格可能要远高于平时，甚至是平时的几百倍几千倍，您还愿意购买吗？”

“如果命都没了，再多的钱又有什么意义！”顾客很自然地回应道。

“既然这样，如果现在您能提前支付购买一个救生圈的钱，那么以后万一遇到这种危险情形，您就不必再花费巨大的代价去购买它了，您愿意吗？”

这时顾客恍然大悟，知道眼前这个销售员说这番话的用意所在了。

这个保险销售员用的就是设置悬念式开场白，巧妙地向顾客提供了这样一种建议：生活中风险无处不在，意外、疾病、灾难等随时都有可能发生，购买保险可以未雨绸缪，为自己或家人提供更多保障。顾客受好奇心的驱使，不知不觉顺着对方的思路走，直至中了“招”。

2. 他人引荐式

如果你能够找到一个顾客认识的人，并且愿意为你们牵线搭桥的话，那么你自然可以这样说：“张总，是您的朋友马女士介绍我与您联系的，说您近期想添几台电脑……”

再比如：“祁总，您好。我是你的好朋友魏总介绍来的。”“吴先生，您好，您大学同学王宁介绍我来见您的。”

这种开场白就是引荐式开场白，这种开场白的效果是很显著的，这一方法依据的是社会心理学中的熟识与喜爱原理，人们总是愿意答应自己熟识和喜爱的人提出的要求。

3. 请教问题式

很多人都有好为人师的特点，因此，销售人员可以利用人的这种心理特点特意找一些不懂或假装不懂的问题向顾客请教，借此打开交往的大门。这种开场白就是请教式开场白。

比如你可以说：“程总，在机械方面您是专家。这是我们公司研制的新型机器，您看看它的结构是否合理？适不适合贵公司使用？”

通常这样抬举一番，对方一般会心情愉快地接受你的请求，这样就开了一个好头，为后续的销售打下良好的基础。

4. 连环追问式

有一些销售人员在好不容易成功约见客户后，常常直白地问道："请问您对××产品有兴趣吗？""您要不要购买××产品？"对于这种突如其来的问题，对方的回答显然就是一句很简单的"不"，结果销售人员只能铩羽而归。

那么如何才能打破这种尴尬的局面，让销售人员能掌握谈话的主动权，从而继续推进销售进入下一个环节呢？实践证明，在很多情形下，使用连环追问式的开场白具有很好的效果。

世界著名推销大师托德·邓肯在向对方推销时，总是先和对方说一些让对方认可的话。当他问过五六个问题，并且对方都认可了，再继续问其他关于购买方面的问题，这时对方仍然会点头，这个惯性一直保持到成交。利用这种方法，托德·邓肯收获了很多大额保单。

看下面的对话：

"哎呀，好可爱的小狗！是一只松狮吧？"

"是的。"听到这样的赞美，顾客很高兴地回答道。

"您看这双眼睛，真漂亮！养宠物很不容易，您一定每天都花不少时间去照顾它吧？"

"是啊，花费了不少精力，不过这是一种爱好嘛，所以也就不觉得辛苦了。"

"您希望给它找一个好玩伴吗？"

"当然了，我一直这么想的。"

"真是巧，我还真有一个合适的目标。"

双方的交谈渐入佳境。由此可见，销售人员在初次与顾客交谈的时候，首先提出容易被对方接受的话题，等谈得投机了再进入正题，这样对方就容易接受了。

·第三章·

开发客户的潜在需求

潜在需求是十分重要的，在消费者的购买行为中，大部分需求是由消费者的潜在需求引起的。因此，要想在激烈的市场竞争中取胜，不但要着眼于显现需求，更应捕捉市场的潜在需求，进而采取行之有效的开发措施。

巧妙突破客户的防线

当客户对你说出拒绝的话语时，一个成熟而有经验的行销人员会通过有策略的交谈，巧妙突破客户的防线，从而开发出客户的潜在需求。推销时，挖掘客户的消费需求至关重要。

肯特是一家人寿保险公司的推销员。当肯特按照上一次电话中约定的时间与某公司的总经理安德森先生进行电话跟进时，安德森先生的回应很平淡。

安德森先生："我想你今天还是为了那份团体保险吧？"

肯特："是的。"

安德森先生："对不起，打开天窗说亮话，公司不准备买这份保险了。"

肯特："安德森先生，您是否可以告诉我到底为什么不买了呢？"

安德森先生："因为公司现在赚不到钱，要是买了那份保险，公司一年要花掉1万美元，这怎么受得了呢？"

肯特："除了这个原因，还有什么其他让您觉得不适合购买的原因吗？可否把您心里的想法都告诉我？"

安德森先生："当然，是还有一些其他的原因……"

肯特："我们是老朋友了，您能告诉我到底是什么原因吗？"

安德森先生："你知道我有两个儿子，他们都在工厂里做事。两个小家伙穿着工作服跟工人一起工作，每天从早上8点忙到下午5点，干得不亦乐乎。要是购买了你们的那种团体保险，如果不幸发生意外，岂不是把我在公司里的股份都丢掉了？那我还留什么给我儿子？工厂换了老板，两个小家伙不是要失业了吗？"（真正的原因总算被挖出来了，所有开始时的理由只不过是借口，真正的原因是受益人之间的问题，可见这笔生意还没有泡汤。）

肯特：“安德森先生，因为您儿子的关系，您现在更应该做好保险计划，让儿子将来更好地生活。我现在就上您那儿去，咱俩一起把原来的保险计划做个修改，使您两个儿子变成最大的受益人。这样一来，无论父亲还是儿子，哪一方发生意外都可以享受到全部的好处。”

安德森先生：“好吧，如果能达到这个要求，我倒可以考虑签单。”

挖掘客户的消费需求，就是要让他觉得眼前的商品可以给他带来远远超出商品价值之外的东西。每位顾客由于其年龄、性别、职业、文化程度、消费知识和经验的差异，他们在购买商品时，会有不同的购买动机和消费需求，因此，他们所要求得到的服务也不同，销售人员面对每一位顾客都要细心观察，热情、细致地为他们提供所需要的服务。

当客户拒绝产品时，一个有经验的销售人员通常会采取旁敲侧击的迂回战术牵引客户的思维，而非继续滔滔不绝地谈论产品的卖点，以期引起客户的注意或者干脆放弃。客户的消费需求要推销员去开发，聪明的推销员会在无意中给顾客限制选择的权利或者是让消费者作出有利于推销员的选择。要想占有更大的市场，就要求推销员不断开发客户的需要。

客户嫌贵时怎么办

价格异议是任何一个推销员都遇到过的情形。比如“太贵了”“我还是想买便宜点的”“我还是等价格下降时再买这种产品吧”等。对于这类反对意见，如果你不想降低价格的话，你就必须向对方证明你的产品的价格是合理的，是产品价值的正确反映，使对方觉得你的产品物有所值。

一位推销员正在向客户电话推销一套价格不菲的家具。

客户："这套家具实在太贵了。"

推销员："您认为贵了多少?"

客户："贵了1000多元。"

推销员："那么咱们现在就假设贵了1000元整，先生您能否认可?"

客户："可以认可。"

推销员："先生，这套家具您肯定打算至少用10年以上再换吧?"

客户："是的。"

推销员："那么就按使用10年算，您每年也就是多花了100元，您说是不是这样?"

客户："没错。"

推销员："1年100元，那每个月该是多少钱?"

客户："喔！每个月大概就是8元多点吧!"

推销员："好，就算是8.5元吧。您每天至少要用两次吧，早上和晚上。"

客户："有时更多。"

推销员："我们保守估计为每天两次，那也就是说每个月您将用60次。所以，假如这套家具每月多花了8.5元，那每次就多花不到1.5角。"

客户："是的。"

推销员："那么每次不到1.5角，却能够让您的家变得整洁，让您不再为东西没合适地方放而苦恼。而且还起到装饰作用，您不觉得很划算吗?"

客户："你说得很有道理，那我就买下了。你们是送货上门吧?"

推销员："当然!"

在销售中，运用数字技术就可以化解顾客类似的价格异议。这个案例就是其中的典型代表。案例中，推销员向客户推销一套价格昂贵的家具，客户认为太贵了，这时候推销员需要做的就是淡化客户的这种印象。于是，推销员开始运用自己高超的数字技术，他先假设这套家具能够使用10年，然后把客户认为贵了的1000多元分摊到每年、每月、每天、每次，最后得出的数据为每次不到1.5角，这大大淡化了客户“太贵了”的印象，最后成功地售出了这套昂贵的家具。

可见，推销员在与客户的沟通中，如果能够在回答潜在客户的问题时自然地采用数字技术，那么成交也就不再是难事了。

用真诚消除客户疑虑

在商务沟通中，消除客户的疑虑是非常重要的，当客户对你的询问表示要考虑时，你必须用你的真诚消除客户的疑虑，只有当客户对你的产品或服务完全相信，没有任何疑虑时，你的沟通才算是成功的，最终才能达到成交的目的。

销售人员："您好！韩经理，我是××公司的×××，今天打电话给您，主要是想听听您对上次和您谈到购买电脑的事情的建议。"

客户："啊，你们那台电脑我看过了，品牌也不错，产品质量也还好，不过我们还需要考虑考虑。"

(客户开始提出顾虑，或者说是异议。)

销售人员："明白，韩经理，像您这么谨慎的负责人做事考虑得都会十分周全。只是我想请教一下，你考虑的是哪方面的问题？"

客户："你们的价格太高了。"

销售人员："您主要是与什么比呢？"

客户："你看，你们的产品与××公司的差不多，而价格却比对方高出 1000 多块钱呢！"

销售人员："我理解，价格当然很重要。韩经理，您除了价格以外，买电脑，您还关心什么？"

客户："当然，买品牌电脑，我们还很关心服务。"

销售人员："我理解，也就是说服务是您目前最关心的一个问题，对吧？"

客户："对。"

销售人员："您看，就我们的服务而言……您看我们的服务怎么样？"

客户："你们的技术支持工程师什么时候下班？"

（客户还是有些问题，需要解释，这是促成的时机。）

销售人员："一般情况下，晚上11点！"

客户："11点啊。"

（听到客户有些犹豫。）

销售人员："是这样的，也是考虑到商业客户一般情况下9点钟都休息了，所以才设置为11点的，您认为怎么样？"

客户："还好。"

（客户开始表示认同，这就等于发出了购买信号，这时可以进入促成阶段了。）

销售人员："韩经理，既然您也认可产品的质量，对服务也满意，您看我们的合作是不是就没有什么问题了呢？"

客户："其实吧，我是在考虑买兼容机好一些呢，还是买品牌机好一些，毕竟品牌机太贵了。"

（客户有新的顾虑，这很好，只要表达出来，就可以解决。）

销售人员："当然，我理解韩经理这种出于为公司节省采购成本的想法，这个问题其实又回到我们刚才谈到的服务上。我担心的一个问题是，您买了兼容机回来，万一这些电脑出了问题，您不能得到很好的售后服务保障的话，到时带给您的可能是更大的麻烦，对吧？"

客户："对呀，这也是我们为什么想选择品牌机的原因。"

（客户认同销售人员的想法，这是促成的时机。）

销售人员："对对对，我完全赞同韩经理的想法，您看关于我们的合作……"

客户："这事，您还得找采购部人员，最后由他们下单购买。"

销售人员："那没关系，我知道韩经理您的决定还是很重要的，我的理解就是您会考虑使用我们的电脑，只是这件事情还需要我再与采购部人员谈谈，对不对？”

在这个案例中，销售人员成功地消除了客户的疑虑，最终取得了成功。

在进行产品介绍和要求订货时，大多数客户总会对产品心存疑虑。他们担心的问题可能是客观存在的，也可能只是心理作用。销售人员应该采取主动的方式，发现客户的疑问，并打消客户的疑虑。

例如，他们说：“我还是再考虑考虑。”这只不过是一种推托之语，销售人员追问一句，他们往往会说：“如果不好好考虑……”这还是一种委婉的拒绝。怎样才能把他们那种模棱两可的说法变成肯定的决定，这就是销售人员应该来完成的事。

当客户说：“我再好好考虑……”

销售人员就应表现出一种极其诚恳的态度对他说：“你往下说吧，不知是哪方面原因，是有关我们公司方面的吗？”

若客户说：“不是，不是。”

那么销售人员马上接下去说：“那么，是由于商品质量不高的原因？”

客户又说：“也不是。”

这时销售人员再追问：“是不是因为付款问题使您感到不满意？”追问到最后，客户大都会说出自己“考虑”的真正原因：“说实在话，我考虑的就是你的付款方法问题。”

不断地追问，一直到他说出真正的原因所在。当然，追问也必须讲究一些技巧，而不可顺口答话。例如，销售人员接着他的话说：“您说得也有道理，做事总得多考虑一些。”这样一来，生意成功的希望则成为泡影。转变客户的需求标准很重要。

张平：“我听说您有意向我们公司买一辆货车，我想我也许能帮上您的忙。”

客户：“我想买一辆 2 吨位的货车？”

张平："2 吨有什么好的？万一货物太多，4 吨不是很实用吗？"

客户："我们也得算经济账啊！这样吧，以后我们有时间再谈。"

（此时，推销明显有些进行不下去了，如果张平没有应对策略也许就到此为止了，但张平不愧是一位销售高手。）

张平："您运的货物每次平均重量一般是多少？"

客户："很难说，大约 2 吨吧。"

张平："是不是有时多，有时少呢？"

客户："是这样。"

张平："究竟需要什么型号的车，一方面看货物的多少，另一方面要看在什么路上行驶。您那个地区是山路吧？而且据我所知，如果路况并不好，那么汽车的发动机、车身、轮胎承受的压力是不是要更大一些呢？"

客户："是的。"

张平："您主要利用冬季营运吧？那么，这对汽车的承受力是不是要求更高呢？"

客户："对。"

张平："货物有时会超重，又是冬天里在山区行驶，汽车负荷已经够大的了，你们在决定购车型号时，连一点余地都不留吗？"

客户："那你的意思是……"

张平："您难道不想延长车的寿命吗？一辆车满负荷甚至超负荷，另一辆车从不超载，您觉得哪一辆寿命更长？"

客户："嗯，我们决定选用你们的 4 吨车了。"

就这样，张平顺利地卖出了一辆 4 吨位的货车。

在这个案例中，我们看到，张平负责推销 4 吨位货车，而顾客想要 2 吨位的货车，因此在谈话刚刚开始，张平就遭到了客户的拒绝，"以后我们有时间再谈"。这是客户作出的决策，是不容易改变的，这时候，如果张平没有应对的策略，那么谈话也就到此结束了。

“您运的货物每次平均重量一般是多少？”通过这么一句感性的提问，聪明的销售员把客户的思维拉了回来。在下面交谈中，张平做了一个重要的工作：那就是影响客户的需求标准！让客户自己制定对销售人员有利的需求标准。

谈到对我们有利的需求标准，我们应该了解自己的独有销售特点。独有销售特点是公司与竞争对手不同的地方，也就是使公司与竞争对手区别开来的地方。独有销售特点可能是与公司相关的，也可能是与公司的产品相关的，也可能是与销售人员相关的，总之，一定要做到与众不同。与众不同将使公司更具有竞争优势。知道了自己的与众不同之处后，再与客户在电话中交流时，就尽可能地将客户认为重要的地方引导到自己的独有销售特点上，通过转变客户的需求来影响客户的决策。

当然，我们在电话中与客户谈独有销售特点时，重点应放在独有销售特点所带给客户的价值上。

总的来说，销售员在销售期间，仔细倾听客户的意见，把握客户的心理，这样才能保证向客户推荐能够满足他们需要的商品，才能很容易地向客户进一步传递商品信息，而不是简单地为增加销售量而推荐商品。转变客户的需求标准来实施销售就是要站在客户的立场上，想客户之所想，这样才能成功成交。

与未成交的客户建立良好关系

做客户开发的工作总会有许多意想不到的阻力，比如遇到特别难缠的客户或遭遇别人的白眼，这些都很常见。一帆风顺的客户管理工作是不可能有的，否则就不会有到处抱怨客户工作难做的人。

有的销售人员总说："客户太难找了，好不容易接近一个人，却又不要我们的产品！"若果真如此，客户都跑到哪儿去了呢？其实，我们要做的仅仅是再坚持一下，不要因为一次挫折、一次失败就放弃那些对我们不怎么感兴趣的客户。

并非每一次销售都能成功，对于销售人员来说，未成交客户的数量远远大于成交客户的数量。不少销售人员常常犯一个错误，那就是他们强调通过售后服务等手段与已成交顾客建立关系，却忽视了未成交的客户。其实，与未成交的客户建立良好的关系同样十分必要，主要表现在：

1. 只要是我们的潜在客户，即使没有成交也不能放弃

所谓潜在客户就是，第一，他们需要我们的产品和服务；第二，他们有购买力。没有成交的原因是多种多样的，有的是暂时还不需要，但一段时间以后会有此种需求；有的是已有稳定的供货渠道；有的则纯粹是由于观望而犹豫不定，等等。但是，情况是在不断变化的，一旦成交障碍消失，潜在客户就会采取购买行动。如果销售人员在实效访问失败之后，没有着手建立联系，那么就无法察觉情况的变化，就不能抓住成交的机会。

2. 要有锲而不舍的精神，多和未成交客户联系

为了说服某一客户购买保险，销售人员常常要做第二次、第三次，甚至更多次访问。每一次访问都要做好充分的准备，尤其要了

解客户方面的动态。而了解客户最好的方法莫过于直接接触客户。如果第一次访问之后，销售人员不主动与客户联系，就难以获得更有价值的信息，就不能为下一次访问制订恰当的策略。如果一个销售人员在两次拜访之间不能随时掌握客户的动态，那么，下一次拜访时，他就会发现：重新修改的服务方法必须再次进行修改。

3. 和未成交客户做朋友，改变他们对我们企业、产品的看法

比如一位对某项产品一直有成见的客户，起初拒绝的态度相当强硬。但是有个销售人员始终没有放弃她，而是努力接近她，同她谈生活、理想，就是不谈要她买产品。最后客户反倒忍不住了，向销售人员问起该产品的状况。于是，一场改变他态度的谈话开始了。

所以，对于拒绝我们的客户，我们在心理上要有接受失败的准备，不可因为挫折而灰心丧气，始终都要抱一颗积极的心，随时准备走向客户的心门。

做一位专家型的销售经理

如果你是一位电脑公司的客户管理人员，当客户有不懂的专业知识询问你时，你的表现就决定了客户对你的产品和企业的印象。

一家车行的销售经理正在打电话销售一种用涡轮引擎发动的新型汽车。在交谈过程中，他热情激昂地向他的客户介绍这种涡轮引擎发动机的优越性。

他说："在市场上还没有可以与我们这种发动机媲美的，它一上市就受到了人们的欢迎。先生，你为什么不试一试呢？"

对方提出了一个问题："请问汽车的加速性能如何？"他一下子就愣住了，因为他对这一点非常不了解。理所当然，他的销售也失败了。

试想，一个销售化妆品的人对护肤的知识一点都不了解，只是想一心卖出其产品，那结果注定会失败。

房地产经纪人不必去炫耀自己比别的任何经纪人都更熟悉市区地形。事实上，当他带着客户从一个地段到另一个地段到处看房的时候，他的行动已经表明了他对地形的熟悉。当他对一处住宅作详细介绍时，客户就能认识到销售经理本人绝不是第一次光临那处房屋。同时，当讨论到抵押问题时，他所具备的财会专业知识也会使客户相信自己能够获得优质的服务。前面的那位销售经理就是因为没有丰富的知识使自己表现得没有可信性，才使他的推销失败，而想要得到回报，你必须努力使自己成为本行业各个业务方面的行家。

那些定期登门拜访客户的销售经理一旦被认为是该领域的专家，他们的销售额就会大幅度增加。比如，医生依赖于经验丰富的医疗设备推销代表，而这些能够赢得他们信任的代表正是在本行业中成功的人士。

不管你推销什么，人们都尊重专家型的销售经理。在当今的市场上，每个人都愿意和专业人士打交道。一旦你做到了，客户会耐心地坐下来听你说那些想说的话。这也许就是创造销售条件、掌握销售控制权最好的方法。

除了对自己的产品有专业知识的把握，有时我们也要对客户的行业有大致了解。

销售经理在拜访客户以前，要对客户的行业有所了解，这样，才能以客户的语言和客户交谈，拉近与客户的距离，使客户的困难或需要立刻被觉察而有所解决，这是一种帮助客户解决问题的推销方式。例如，IBM 的业务代表在准备出发拜访某一客户前，一定先阅读有关这个客户的资料，以便了解客户的营运状况，增加拜访成功的机会。

莫妮卡是伦敦的房地产经纪人，由于任何一处待售的房地产可以有好几个经纪人，所以，莫妮卡如果想出人头地的话，只有凭着丰富的房地产知识和服务客户的热诚。莫妮卡认为："我始终掌握着市场的趋势，市场上有哪些待售的房地产，我了如指掌。在带领客户察看房地产以前，我一定把房地产的有关资料准备齐全并研究清楚。"

莫妮卡认为，今天的房地产经纪人还必须对"贷款"有所了解。"知道什么样的房地产可以获得什么样的贷款是一件很重要的事，所以，房地产经纪人要随时注意金融市场的变化，才能为客户提供适当的融资建议。"

一个销售员对自己产品的相关知识都不了解的话，一定没有哪个客户会信任他。当我们能够充满自信地站在客户面前，无论是他有不懂的专业知识要咨询，还是想知道市场上同类产品的性能，我们都能圆满解答时，才算具备了过硬的专业知识。

化僵局为好棋的应对策略

在销售中遭到拒绝，对于一个销售员来说都是家常便饭。但是，被拒绝不仅是心里不好受，还与经济收入直接挂钩，这就需要我们掌握一些必备的应对策略，化僵局为好棋。

1. 客户说没兴趣、不需要

这是销售员听到的最多的拒绝语言，因为这几乎是客户的口头禅。但这个口头禅恰恰又是销售人员让客户养成的，因为大部分销售人员喜欢一来就推销产品。对于来路不明、不熟悉的人和产品，客户的第一反应肯定是不信任，所以很自然地就以没兴趣、不需要为由拒绝了。建立信任是推销的核心所在，无法赢得信任就无法推销，没有信任的话你说得越精彩，客户的心理防御就会越强。特别是诓骗虚假之词更是少用为好，因为在成交之前，客户对你说的每一句话都会抱着审视的态度，如果再加上不实之词，其结果可想而知。

所以，避免此类拒绝最好的方式就是在最开始的时候尽一切可能增加和坚定顾客的信任度。无论是产品的质量、个人的态度、举止、形象都要让人觉得可靠。

2. 客户说我现在很忙，以后再说吧

这种拒绝虽然出于好意，却很难让人琢磨透。有的是真的很忙，但大多数时候只是一个很温柔的拒绝，对于这种拒绝，我们可以这么说："我知道，时间对于每个人来说都是非常宝贵的。这样吧，为了节约时间，我们只花两分钟来谈谈这件事情。如果两分钟之后，您不感兴趣，我立即出去，再也不打扰您了，可以吗？"

3. 客户说我们现在还没有这个需求

社会在变化，需求也在不断地变化。今天不需要，并不代表明天不需要；暂时不需要，不代表永远不需要。所以有些需求是潜在的，关键在于你是否能把他沉睡的购买欲望给唤醒。有时候经常会存在这样一种状况，当你被人以“我们现在还没有这个需求”拒绝之后，第二天却发现这个客户竟然在另外一家公司购买了同样的产品。

心理学家在分析一个人是否购买某一商品时，得出了这么一个结论：人们的购买动机通常有两个，一个是购买时这个产品能给自己带来怎样的快乐享受；另一个是如果不购买自己会遭受怎样的损失和痛苦。将这两个动机攻破了，客户的拒绝碉堡也就自然攻破了。

4. 客户说我们已经有其他供应商了

当客户告诉销售人员“我们已经有其他的供应商了”，这往往是真实的情况。但这并不意味着销售员就完全没有机会了，恰恰相反，销售员还有很多的机会。因为当客户正在使用其他供应商提供的某一产品时，正好说明这个客户已经认可了这个产品。这样就不用我们的销售员花时间来反复陈述某一产品能给客户带来怎样的好处，而只需很巧妙地告诉客户自己的产品与客户正在使用的产品存在哪些差异，而这些差异又会给他带来怎样的好处，最后让客户自己去权衡。一家企业在考虑与谁合作的时候，考虑最多的还是利益。如果销售员非常自信自己的产品较之客户正在使用的产品更有优势的话，那么自己就随时有机会取代客户现有的供应商。

5. 客户说你们都是骗子

当客户说这句话的时候，销售员也别恼，这说明客户曾经受到过伤害。一朝被蛇咬，十年怕井绳，曾经的阴影让他们太刻骨铭心了。如果这个心结不打开的话，想把类似的产品销售给他几乎是不可能的事情。但是这并不等于这个客户不需要此类产品。在这种情况下，销售员可以试着和他一起找原因，如果是销售员的原因，就真诚地向客户道歉，必要时适当补偿对方的损失。只要对方的心结打开了，生意也就可以继续了。

6. 客户说你们的产品没什么效果

客户这么说的话，实际上已经否定了销售员的产品，并将此类销售打入“黑名单”。这个问题有些棘手。销售员必须站在客户的立场考虑问题，在第一时间内承认错误，并积极地寻找问题的根源。让客户明白自己的公司已经今非昔比，过去的不代表现在，并想办法解决这个问题。

7. 客户说你们的价格太高了

客户说这样的话，严格来说还谈不上是一种拒绝，这实际上是一种积极的信号。因为这意味着在客户的眼里，除了“价格太高”之外，客户实际上已经接受了除这个因素之外的其他各个方面。

这个时候，立即与客户争辩或者一味降价都是十分不理智的。销售员需要及时告诉客户自己马上与领导商量，尽量争取给一个优惠的价格，但暗示有困难。等再次与客户联系的时候，再告诉客户降价的结果来之不易。降价的幅度不需要太大，但要让客户感觉到利润的空间真的很小，销售方已经到了没有钱赚的边缘。或者询问客户与哪类产品比较后才觉得价格高，因为有很多客户经常拿不是同一个档次的产品进行比较。通过比较，让客户明白一分钱一分货的道理，最终愿意为高质量的产品和服务多付一些钱。

客户的反对问题也是“卖点”

一些销售人员在遇到客户提出一些负面问题，或者是指出产品的缺点时，就慌忙进行掩盖，结果越掩盖越是出现问题。其实，很多时候，客户的一些反对问题也能成为行销的独特“卖点”。

让“反对问题”成为卖点是一种很棒的销售技巧，因为它的说服力非常强。所谓“准客户的反对问题”有两种：一个是准客户的拒绝借口，一个是准客户真正的困难。不管是哪一种，只要你有办法将反对问题转化成你的销售卖点，你都能“化危机为转机”，进而成为“商机”。如果这是准客户的拒绝借口的话，他将因此没有借口拒绝你的销售；如果是准客户的真正困难所在，你不就正好解决了他的困难吗？他又有什么理由拒绝你的销售呢？

假如你向顾客推荐你所在银行的信用卡服务时，顾客说：“不用了，我的卡已经够多了。”

你可以这样回答说：“是的，常先生，我了解您的意思，就是因为您有好几张信用卡，所以我才要特别为您介绍我们这张‘××卡’，因为这张卡不管是在授信额度上、功能上或是便利性上，它都可以一卡抵多卡，省去您必须拥有多张卡的麻烦。”

如果客户说：“我现在没钱，以后再说吧。”

行销人员可以说：“听您这么说，意思是这套产品是您真正想要的东西，而且价格也是可以接受的，只是没有钱。我想说的是既然是迟早要用的东西，为什么不早点买？早买可以早受益。而且，世界上从来就没有钱的问题，只有意愿的问题，只要您决定要，您就一定可以解决钱的问题。”

如果客户说：“价格太高了。”

行销人员可以说：“依您这么说，我了解到您一定对产品的品质是相当满意的，对产品的包装也没有异议，您心里一定也想拥有这套产品。既然对品质、包装、功效方面这些重要的事情上是满意的，就没有必要在乎价格的高低，有些时候，价格真的不重要。”

如果客户说：“我想我现在不需要，需要的时候再找你吧。”

行销人员就可说：“谢谢您对我的信任。听您的意思是说，现在不需要，以后肯定需要。那就是说您对产品的各个方面都是相当满意的，是吧？既然以后肯定需要，为何不现在买呢？我很难保证以后是不是可以以这么低廉的价格买到品质这么好的产品。”

假如顾客说：“没有兴趣。”

行销人员就可说：“正因为您没有兴趣，我才会打电话给您。”

假如顾客说：“我已经有同样的东西，不想再找新厂商了！”

行销人员就可说：“依您这么说，您是觉得这种产品不错嘛！那您为什么不选择我们呢？我们公司可以提供您更优厚的运转资金条件，节省下来的资金费用正好可以付每个月的维修费用，每个月维修等于是免费的呢！”

假如，你的客户对你说：“我现在还不到 30 岁，你跟我谈退休金规划的事，很抱歉！我觉得太早了，没兴趣。”

行销人员就可以用让“反对问题”成为卖点的技巧回复他：“是的，我了解您的意思。只是我要提醒您的是，准备退休金是需要长时间的累积才能达成的，现在就是因为您还年轻，所以您才符合我们这项计划的参加资格。这个计划就是专门为年轻人设计的。请您想一想，如果您的父母现在已经五六十岁了，但是还没有存够退休金的话，您认为他们还有时间准备吗？所以，我们也就无法邀请他们参加了！”这样一来，客户就很可能被你的反对问题给说服了，而理所当然地愿意与你达成交易。

所以，在销售中，如果客户提出一个在一般人看来都是一条很充分的理由拒绝你时，你不妨采用让“反对问题”成为卖点的技巧，这样往往会让你有意外的收获。

销售是服务的孪生姐妹

销售是服务的孪生姐妹，销售和服务是相辅相成的，有好的服务，必有好的销售业绩。但是，如果我们的服务都仅仅是为了促进销售而做，那么一定不会有很好的效果。即便你这一回侥幸赚了一部分钱，也是因为客户第一次相信你，第二次，他绝不会再相信你。

经济学上可以将买卖分为“一次性博弈”和“重复性博弈”两种，在一次博弈中，博弈双方在没有强烈的道德与情感的因素约束下，参与人都会为自己当前的最大收益奋斗。如果我们将销售当作是一次性博弈，在这一情境下的销售员很可能就将服务当作为销售而做的功利性服务，只考虑当前的最大利益，为了成交当前的买卖而对消费者极尽贴心热情，一旦成交，便态度迥异。

然而，成功的销售一定是将与消费者之间的交易看作是多次的重复性的博弈。多次博弈与一次性博弈完全不同，它遏制了人们的绝对功利性，每一个参与人的行动都是小心翼翼的，因为他们知道自己不是一次博弈，他们需要为将来考虑。如果有谁在第一次博弈中就要尽卑鄙的手段，或者背叛，或者不诚实合作，那么他最终将面临由此带来的恶果。在销售中，如果不重视买和卖之间的重复性博弈，那么，你很难真正享受“服务”带给你的长期回报。

任何带有功利性、动用诡计的服务都不能让销售成为重复性博弈的过程。相反，不为销售而为客户做的服务，是一种真诚付出的欲望，只有这种无私的服务才会打动客户的心，让客户愿意长期地与你合作。因此，对于销售员来说，只有把销售融入服务当中，才能真正让服务发挥效果，为你的销售锦上添花。

安娜是美国一家房地产公司顶尖的经纪人之一，她一年的销售额高达1000万美元。谈及自己获得高额销量的制胜法宝时，安娜只说了一句话：绝不只为销售而服务。

一天，一对夫妇从外地驾车来到罗克威市，想在罗克威买一栋房子并定居下来。经人介绍，这对夫妇找到安娜，安娜热情地接待了他们。

然而，安娜没有立刻带这对夫妇去看待售的房子，而是带他们参观社区、样板房，介绍当地的生活习惯、生活方式，并带这对夫妇参加小城的节日，让他们免费享受热狗、汉堡、饮料。

“每到傍晚时分，滑水队伍会在湖上表演，市民则在船上的小木屋里吃晚餐，”安娜为他们一一介绍道，“再稍后，他们在广场看五彩烟火；然后再去商场，这里的购物环境非常优美，价格也非常公平；待会，我再带你们去看看我们社区内最好的学校。”

最终，这对夫妇满意地决定在湖畔购买一套价值60万美元的房子。然而，客户付款后，安娜的服务仍然没有结束：协助客户联系医生、牙医、律师、清洁公司；帮助客户联系女儿的上学事宜，帮客户买电、买煤气。

安娜通常会在每年的圣诞假期为自己服务过的客户举办一场盛大的宴会，从纽约请5~7人的乐队进行伴奏，准备香槟、饮料、鲜嫩的牛肉片和鸡肉，提供各种型号的晚礼服。安娜举杯向客户敬酒，感谢客户们的支持与信任，祝福客户生活得更美好。她会一个一个地与客户私下沟通，问对方是否有需要帮助的，并承诺以后会提供更好、更优质的服务。在客户离开的门口，放着许多挂历、钢笔、书籍等实用的小礼物，让客户离开时随意拿。

有了如此细致周到的贴心服务，安娜何愁没有惊人的销售业绩呢？

正如安娜自己所言，她成功的秘诀就在于真正做到了“绝不只为销售而服务”。在与客户见面后，她不急着直接介绍房子，而是先带他们了解周围的环境和当地的文化，让客户能充分获得有效的信息，同时也获得充分的时间分析、思考是否适合在这里居住。当客户购买房子后，安娜还提供许多看似与房产无关的服务，时刻与客户保持良好的关系，让客户感觉不仅仅买了一套设施便捷的房子，更获得了未来生活的安全感。这正是将与客户的关系当作是多次的重复性博弈来看待，自然也能够收获长期的忠实客户。

销售员在销售过程中的一个颇为头痛的大难题就是如何常常与客户建立好感与信任。其实，安娜已经向我们传授了成功的经验：真诚的服务会让一切迎刃而解。真诚的服务不是为了销售而服务，而是真正设身处地地站在客户的角度，将买卖当作是重复性博弈，建立长期的好感与互信，将销售融入服务当中而使销售变得无痕无迹。作为推销员，要想获得很好的销售业绩，也要向安娜学习，让优质的服务起到四两拨千斤的作用。

把客户需求从感性认识过渡到理性思考

在销售中，客户对于收益的考虑都很理性。但是人们对成本的印象却是感性的，推销员要灵活运用销售技巧，让客户认识到高收益需要通过较高成本的投入才能实现。只有通过这样的途径，销售员的销售目的才可能实现。

程政是一家咨询公司的销售顾问，这次他负责的是一家生产企业的销售咨询工作，当销售进展到快签约的时候，该企业的总经理打电话来提出了异议。

总经理："我不明白为什么你们公司派了三个咨询师替我们改善库存与采购系统，两个月的时间要支付 24 万的费用，这相当于每个人每月 4 万，这样我都可以雇用三个厂长了。"

程政："王总，我们的咨询师们花了两个星期对贵厂采购作业流程、生产流程、现场生产以及作业流程的现状进行了详细的了解。据我们了解，贵企业的每年平均库存为 1 个月，金额为 600 万，由于生产数量逐年增长，库存金额与平均库存月份也逐年上升。通过我们的改善方案的执行，贵企业在半年后，库存金额能下降至 300 万，您的利息费用每年最少可下降 30 万，您节省的费用足够支付咨询费。"

总经理："话是不错，那你们怎么能保证能将库存降至 300 万？"

程政："如果贵公司的采购作业方式，特别是在交货期及交货品质两个要点上有所改善，生产流程及作业方式能够调整更改，品质的监控制度能够完善，最后显现的结果必然是库存的降低。王总，您完全可以评估出来，您支付给我们公司的顾问费其实都是从您节省的费用中提出的，您根本就不需要多支付任何额外的费用，却能达到提升工厂管理品质的目的。而且您只要同意签下合约，我们每个星期都会给您送去一份报告，报告会告诉您，我们本星期要完成哪些事项及上星期完成的情况，在这个时候，您可以视我们的绩效随时停止合约，我们会让您清楚地看到您投入的每一分钱都能够得到明确的回报，若您认为不值得，您可立刻终止付款。王总，我诚恳地建议您，这的确是值得一试的事情，您若可以现在就签约，我可以安排一个半月后，就开始进行这个方案。"

总经理在权衡了这个方案的成本和收益以后决定签约。

当客户有明确需求，但认为成本太高时，销售人员要让客户认识到高成本能带来巨大的收益，高成本投入是值得的。案例中的推销员可谓这方面的高手。当客户对产品有明确的需求，但表示价格成本过高时，销售员认识到，仅仅从价格成本这一层面进行说服，显然不能取得客户的认同，于是，他们发挥了自己逻辑分析能力的优势，为客户详细分析了花费这些成本费用所能够取得的收益。

对一般客户而言，只要提到成本，尤其是较高成本，都会认为是物超所值的。其实这不过是一种表面现象的思考。当客户对你说"产品确实不错，但是价格太高，我们不能接受"时，请你运用本节谈到的技巧对其加以说服。

将客户的思维从成本太高逐步转移到取得的收益上来，当客户认识到自己花费的成本能带来更大收益的时候，签单就顺理成章了。在我们的实际销售工作中，如果碰到类似的情况，不妨向这位销售员学习，想方设法把客户的需求从感性认识过渡到理性思考，那样的话，即使成本再高，客户也会毫不犹豫地签单的。

·第四章·

捕获客户心理的最好方式

销售的最高境界不是把产品“推”出去，而是把客户“引”进来。所谓“引”进来，也就是让客户主动来购买。可以说，销售是一场心理博弈战，谁能够掌控客户的内心，谁就能成为销售的王者。那么，我们该如何捕获顾客心理呢？

微笑是一种美好的表情

有人说客户的心是一扇虚掩的门，销售员将其打开的金钥匙就是真诚。而将心门打开后，怎样才能成功捕获客户的心，让客户心甘情愿地接受你、喜欢你，继而愉快地与你合作呢？

捕获客户心理的最好方式就是情感投入，满足客户内心的需要，通过语言、神态举止让客户得到应有的尊重。用自己的行动捕获客户的信赖感，当客户被你征服，他就会毫不犹豫地跟你走。

微笑是一种美好的表情，让人觉得友善、觉得真诚、觉得亲切、觉得美丽。

销售其实就是销售员与客户之间的一场交际，一个从陌生到相识、从抗拒到接受、从质疑到满意的过程，这其中有着无数的情感变化。而销售成功与否和销售员是否懂得并准确地把握客户的内心有着很大的关系。

俗话说“不笑不开店”，在销售行业，同样有这样一句话“你的微笑价值百万”，其实所说的道理都是相同的：用微笑换回巨大的利益。对于客户来说，销售员的微笑令人感到亲切而又温馨，一个真正投入感情并始终保持微笑的销售员一定会比一个总是板着脸的销售员赢得更多的客户与订单。真诚的、发自内心的微笑才能温暖和打动别人的心，这就是微笑的魅力。

“不管我认不认识，当我的眼睛一接触到人时，我就先对对方微笑。”这是一位出色的人寿保险推销员在谈到自己赢得客户的经验时说到的一句话。对于销售员来说，微笑有着独特的魅力和神奇的力量，用微笑来征服客户，比其他任何方式都更加有效和持久。

温和的眼神也是对人心灵的安抚，能给予对方心理上巨大的安慰。每一个人生活在这个世上，都会遇到各种不如意的事情，包括我们所面对的各种类型的客户，他们都曾经遭受到烦恼和痛苦，都或多或少地受到过不被重视的待遇，但温暖真诚的目光，却可以使人得到安慰，获得力量。一道温和的目光如一道温暖的阳光，不仅能够照亮阴暗的心灵，还能够温暖身边人们潮湿的心灵。销售员不仅要学会对客户微笑，同时要用温和真诚的目光去关心客户，赢得客户的心。

任何一位顾客都讨厌不受到重视，当销售员对客户视而不见或者将客户晾在一边时，客户自然会让他的生意失败。对每一位客户一视同仁，温和有礼，用每一个细节让客户感受到你对他的尊重和重视，顾客一定会接受你。

世界上最伟大的推销员乔·吉拉德曾经说过："当你笑时，整个世界都在笑。一脸苦相没人理睬你。"销售就好比照镜子，你如何对待客户，客户就会如何对你。在销售中微笑、温和、礼貌与尊重，做一次或许很容易，难的是一直这样做下去，对一个客户这样做或许很容易，难的是对每一个人都要如此。

专心听是给予别人的最大赞美

人人都喜欢被他人尊重，受到别人重视，这是人性使然。当你专心地听，努力地听，甚至是聚精会神地听时，客户就会有被尊重的感觉，因而可以拉近你们之间的距离。卡耐基曾说：专心听别人讲话的态度，是我们所能给予别人的最大赞美。不管对朋友、亲人、上司、下属，倾听有同样的功效。

在销售沟通过程中发挥听的功效是十分重要的，因为客户提供的线索和客户的肢体语言是看不见的。在每一次通话当中，听要比说更加重要。善于有效地倾听是电话沟通成功的第一步。所有的人际交往专家都一致强调，成功沟通的第一步就是要学会倾听。有智慧的人，都是先听再说。

在电话中，你要用肯定的话对客户进行附和，以表现你听他说话的态度是认真而诚恳的。你的客户会非常高兴你心无旁骛地听他讲话。根据统计数据，在工作和生活中，人们平均有40%的时间用于倾听。事实上，在日常生活中，倾听是我们自幼学会的一种沟通能力。它让我们能够与周围的人保持接触。失去倾听能力也就意味着失去与他人共同工作、生活的可能。

所以，在销售过程中，发挥听的功效是非常重要的，只要你能够听得越多，听得越好，就会有更多更好的人喜欢你、相信你，并且要跟你做生意。他们越想跟你交往，你就越能获得更佳的人缘。成功的聆听者永远都是最受人欢迎的。

在行销过程中，一定要发挥听的功效，这样才能使客户无所顾虑地说出他想说的话。这样不仅使客户有一种受重视的感觉，而且还能使你获得更多的客户信息。

客户的需求永远放在第一位

认真倾听，主要目的是发现客户的需求以及真正理解客户所讲内容的含义。事实上，与客户沟通的主要目的就是销售商品或服务，所以客户的需求应该永远放在第一位。

有一个餐馆生意很好，老板准备扩大店面，决定提升一位经理，便找来三位员工。

老板问第一位员工："先有鸡还是先有蛋？"

第一位员工想了想，答道："先有鸡。"

老板接着问第二位员工："先有鸡还是先有蛋？"

第二位员工胸有成竹地答道："先有蛋。"

老板又叫来第三位员工，问："先有鸡还是先有蛋？"

第三位员工镇定地说："客人先点鸡，就先有鸡；客人先点蛋，就先有蛋。"

老板笑了，于是提升第三位员工为大堂经理。

对于老板来说，先有鸡还是先有蛋并不重要，重要的是员工有没有领悟到客户的需求永远是第一位的。可见，认真倾听客户的心声是非常重要的，因此，在倾听过程中要做到以下几点。

1. 澄清事实，得到更多的有关客户需求的信息

"原来是这样，您可以谈谈更详细的原因吗？"

"您的意思是指……"

"这个为什么对您很重要？"

2. 确认理解，真正理解客户所讲的内容

"您这句话的意思是……我这样理解对吗？"

"按我的理解，您是指……"

3. 回应，向客户表达对他所讲的信息的关心

“确实不错。”

“我同意您的意见。”

4. 防止思绪偏离

思绪发生偏离是影响有效倾听的一个普遍问题。因为大多数人接收速度通常是讲话速度的四倍，有时一个人一句话还未说完，但听者已经明白他讲话的内容是什么。这样就容易导致听者在潜在客户讲话时思绪产生偏离。思绪发生偏离可能会导致你无法跟上客户的思想，而忽略了其中的潜在信息，你应该利用这些剩余的能力去组织你获取的信息，并力求正确地理解对方讲话的主旨。

在这方面，你可以做两件事。第一件事是专注于潜在客户的非言语表达行为，以求增强对其所讲内容的了解，力求领会潜在客户的所有想传达的信息。第二件事情是要克制自己，避免精神涣散。比如，待在一间很热或很冷的房间里，或坐在一把令人感觉不舒服的椅子上，这些因素都不应成为使你分散倾听的注意力的原因。即使潜在客户讲话的腔调有可能转移你的注意力，你也应该努力抵制这些因素的干扰，尽力不去关注他是用什么腔调讲的，而应专注其中的内容。做到这一点甚至比使分散的思绪重新集中起来更困难。从这个意义上讲，听人讲话不是一项简单的工作，它需要很强的自我约束力。

此外，过于情绪化也会导致思绪涣散。例如，当潜在客户表达疑问或成交受挫时，在这种情况下停止听讲是很正常的做法，但是你最好能认真地听下去，因为任何时候都有转机出现的可能性。

5. 注意客户提到的关键词语，并与对方讨论

例如，业务员问：“现在是您负责这个项目？”客户说：“现在还是我。”客户是什么意思？两个关键词：现在、还。对有些人来讲，

也就想当然地理解客户就是负责人。但一个出色的业务员会进一步提问："现在还是您是什么意思？是不是指您可能会不负责这个项目了？"客户说："是啊，我准备退休了。"这个信息是不是很重要？再举例，客户说："我担心售后服务。"这里面的关键词是：担心。所以，有经验的业务员并不会直接说："您放心，我们的售后服务没有问题。"而是会问："陈经理，是什么使您产生这种担心呢？"或者问："您为什么会有这种担心呢？"或者问："您担心什么呢？"探讨关键词可以帮助我们抓住核心。

6. 注意术语的使用

在商务电话沟通中，应尽可能避免专业术语的使用，除非你能确定与自己对话的客户是这方面的专家。不少业务员为了显示自己的专业水准，在电话中讲很多技术性很强的东西，导致很多客户听不明白，结果客户希望通话越早结束越好。所以，一定要注意术语的使用。

倾听有助于发现有价值的信息

韦恩是罗宾见到的最受欢迎的人士之一。他总能受到邀请，经常有人请他参加聚会，共进午餐，担任客座发言人，打高尔夫球或网球。

一天晚上，罗宾碰巧到一个朋友家参加一次小型社交活动。他发现韦恩和一个漂亮女士坐在一个角落里。出于好奇，罗宾远远地注意了一段时间。罗宾发现那位年轻女士一直在说，而韦恩好像一句话也没说。他只是有时笑一笑，点一点头，仅此而已。几小时后，他们起身，谢过男女主人，走了。

第二天，罗宾见到韦恩时禁不住问道："昨天晚上我在斯旺森家看见你和最迷人的女孩在一起。她好像完全被你吸引住了。你怎么抓住她的注意力的？"

"很简单，"韦恩说，"斯旺森太太把乔安介绍给我，我只对她说：'你的皮肤晒得真漂亮，在冬季也这么漂亮，是怎么做到的？你去哪呢？阿卡普尔科还是夏威夷？'"

"'夏威夷，'她说，'夏威夷永远都风景如画。'"

"'你能把一切都告诉我吗？'我说。"

"'当然。'她回答。我们就找了个安静的角落，接下去的两个小时她一直在谈夏威夷。"

"今天早晨乔安打电话给我，说她很喜欢我陪她。她说很想再见到我，因为我是最有意思的谈伴。但说实话，我整个晚上没说几句话。"

看出韦恩受欢迎的秘诀了吗？很简单，韦恩只是让对方谈自己。

假如你也想让大家都喜欢，那么就尊重别人，让对方认为自己是个重要的人物，满足他的成就感，而最好的办法就是谈论他感兴趣的话题。千万不要喋喋不休地谈自己，而要让对方谈他的兴趣、他的事业、他的高尔夫积分、他的成功、他的孩子、他的爱好、他的旅行等等。

让他人谈自己，一心一意地倾听，要有耐心，要抱有一种开阔的心胸，还要表现出你的真诚，那么无论走到哪里，你都会大受欢迎。

著名推销员乔·吉拉德说过这样一句话："上帝为何给我们两个耳朵一张嘴？我想，意思就是让我们多听少说！倾听，你倾听得越长久，对方就会越接近你"。这个世界过于烦躁，每一个人再也没有耐心听别人说些什么，所有的人都在等着说。再也没有比拥有一个忠实的听众更令人愉快的事情了。

一位成功的保险推销员对如何使用倾听这个推销法宝深有体会："一次，我和朋友去一位富商那儿谈生意，上午 11 时开始。过了 6 小时，我们走出他的办公室来到一家咖啡馆，放松一下我们几乎要麻木的大脑。可以看得出来，我的朋友对我谈生意的措辞方式很满意。第二次谈判定在午餐后 2 点开始直到下午 6 点，如果不是富商的司机来提醒，恐怕我们谈得还要晚。

"知道我们在谈什么吗？实际上，我们仅仅花了半个小时来谈生意的计划之后，我却花了 9 个小时听富商的发迹史。他讲他自己是如何白手起家创造了一切，怎么在年届 50 岁时丧失了一切，尔后又是如何东山再起的。他把自己想对人说的事都对我们讲了，讲到最后他非常动情。

"很显然，多数人用嘴代替了耳朵。这次我只是用心去听、去感受。结果是富商给他 40 岁的儿女投了人寿险，还给他的生意保了 10 万元险。我对自己能否做一个聪明的谈判人并不在意，我只是想做一个好的听者，只有这样的人才会到哪儿都受欢迎。"

倾听很重要，在人际交往中，多听少说，善于倾听别人讲话是一种很高雅的素养。因为认真倾听别人的讲话，表现了对说话者的尊重，人们往往会把忠实的听众视作完全可以信赖的知己。对于推销员而言，积极地倾听客户的谈论，有助于了解和发现有价值的信息。

成功的推销员都是幽默高手

日本推销大师齐藤竹之助说："什么都可以少，唯独幽默不能少。"这是齐藤竹之助对推销员的特别要求。许多人觉得幽默好像没有什么大的作用，其实是他们不知道怎么才能够学会幽默。让我们先看看幽默有哪些好处。

那种不失时机、意味深长的幽默更是一种使人们身心放松的好方法，因为它能让人感觉舒服，有时候还能缓和紧张气氛、打破沉默和僵局。

如果你在推销的时候表现出色，那么客户也是很愿意从你那儿购物的。乔·吉拉德说："我听到过很多人说他们对外出购车常常感到头疼，但是我的客户不会这样说。当我说与吉拉德做生意是一件很愉快的事情时，我相信这句话并不是毫无意义的。"

成功的推销员大多都是幽默的高手，因为他们知道幽默会减轻紧张情绪，是消除矛盾的强有力手段。在尴尬的时候幽默一下，不仅可以缓解气氛，还能让人感到你智慧的魅力。

一个缺乏幽默感的人是比较乏味的。在你的推销中融进一些轻松幽默不失为一种恰当的策略，同时它也能使你的生意变得十分有趣。否则，你的客户就会保持警惕，不肯放松。

一个推销员当着一大群客户推销一种钢化玻璃酒杯，在他进行完商品说明之后，他就向客户作商品示范：把一只钢化玻璃杯扔在地上证明它不会破碎。可是他碰巧拿了一只质量不过关的杯子，猛地一扔，酒杯碎了。

这样的事情以前从未发生过，他感到很吃惊。而客户们也很吃惊，因为他们原本已相信推销员的话，没想到事实却让他们失望了。

结果场面变得非常尴尬。

但是，在这紧要关头，推销员并没有流露出惊慌的情绪，反而对客户们笑了笑，然后幽默地说：“你们看，像这样的杯子，我就不会卖给你们。”大家禁不住笑起来，气氛一下子变得轻松了。紧接着，这个推销员又接连扔了5只杯子都成功了，博得了客户们的信任，很快推销出了好多杯子。

在那个尴尬的时刻，如果推销员也不知所措，没了主意，让这种沉默继续下去，不到3秒钟，就会有客户拂袖而去，交易失败。但是这位推销员却灵机一动，用一句话化解了尴尬的局面，从而使推销继续进行，并取得了成功。

保持与客户思维的同步

一位心理大师曾说，人们往往错误地以为我们生活的四周是透明的玻璃，我们能看清外面的世界。事实上，我们每个人的周围都是一面巨大的镜子，镜子反射着我们生命的内在历程、价值观、自我的需要。

心理学研究发现，人们在日常生活中常常不自觉地把自己的心理特征归属到别人身上，认为别人也具有同样的特征，如自己喜欢说谎，就认为别人也总是在骗自己；自己自我感觉良好，就认为别人也都认为自己很出色。心理学家们称这种心理现象为“投射效应”。

“投射效应”对推销最重要的一条启示是：保持与客户思维的同步，只有你的想法、行动与客户的一致，才能让客户更容易地接受你。

原一平提到，根据心理学的研究，人与人之间亲和力的建立是有一定技巧的。我们并不需要与他认识一个月、两个月、一年或更长的时间才能建立亲和力。如果方法正确了，你可以在 5 分钟、10 分钟之内，就与他人建立很强的亲和力。他认为，其中一个特别有效的方法是，在沟通时与对方保持精神上的同步。

所以优秀的推销员对不同的客户会用不同的说话方式，对方说话速度快，就跟他一样快；对方说话声调高，就和他一样高；对方讲话时常停顿，就和他一样也时常停顿，这样才不会出现“各说各话”的尴尬情景。因为能做到这一点，所以优秀的推销员很容易和客户之间形成极强的亲和力，对各种客户都能应对自如。

除了思想上要与客户保持同步以外，还要吸引顾客的注意力。这对推销成功也是至关重要的。

有一个销售安全玻璃的推销员，他的业绩一直都维持北美整个区域的第一名，在一次顶尖推销员的颁奖大会上，原一平遇到了他，原一平问他说：“你有什么独特的方法来让你的业绩维持顶尖呢？”他说：“每当我去拜访一个客户的时候，我的皮箱里面总是放了许多截成15厘米见方的安全玻璃，我随身也带着一个铁锤子，每当我到客户那里后我会问他，‘你相不相信安全玻璃？’当客户说不相信的时候，我就把玻璃放在他们面前，拿锤子往桌上一敲，而每当这时候，许多客户都会因此而吓一跳，同时他们会发现玻璃真的没有碎裂开来。然后客户就会说：‘天哪，真不敢相信。’这时候我就问他们：‘你想买多少？’直接进行缔结成交的步骤，而整个过程花费的时间还不到一分钟。”

当他讲完这个故事不久，几乎所有销售安全玻璃的公司的推销员出去拜访客户的时候，都会随身携带安全玻璃样品以及一个小锤子。

但经过一段时间，他们发现这个推销员的业绩仍然维持第一名，他们觉得很奇怪。而在另一个颁奖大会上，原一平又问他：“我们现在也已经做了同你一样的事情了，那么为什么你的业绩仍然能维持第一呢？”他笑一笑说：“我的秘诀很简单，我早就知道当我上次说完这个点子之后，你们会很快地模仿，所以自那时以后我到客户那里，唯一所做的事情是我把玻璃放在他们的桌上，问他们：‘你相信安全玻璃吗？’当他们说不相信的时候，我把玻璃放到他们的面前，把锤子交给他们，让他们自己来砸这块玻璃。”

许多推销员在接触潜在客户的时候都会有许多的恐惧，不论我们接触客户的方式是电话或面对面的接触，每当我们刚开始接触潜在客户的时候，大部分的结果都是以客户的拒绝而收场。

接触潜在客户是必须要有完整计划的，每当我们接触客户时，我们所讲的每一句话，都必须经过充分的准备。因为每当我们想要初次接触一位新的潜在客户时，他们总是会有许多的抗拒或借口。他们可能会说“我现在没有时间，我不需要”等借口，客户会想尽办法来告诉我们他们不愿意接触我们。所以接触潜在客户的第一步，就是必须突破客户这些借口，因为，如果无法有效地突破这些借口，我们永远没有办法开始我们产品的销售过程。吸引顾客的注意力，是打开推销过程很好的方法。

拜访客户要有建设性

为什么有的推销人员一直顺利成功，而有的推销人员则始终无法避免失败？因为那些失败的推销人员常常是在盲目地拜访客户。他们匆匆忙忙地敲开客户的门，急急忙忙地介绍产品；遭到客户拒绝后，又赶快去拜访下一位客户。他们整日忙忙碌碌，所获却不多。

推销人员与其匆匆忙忙地拜访十位客户而一无所获，不如认认真真做好准备去打动一位客户。即推销人员要做建设性的拜访。

所谓建设性的拜访，就是推销人员在拜访客户之前，要调查、了解客户的需要和问题，然后针对客户的需要和问题，提出建设性的意见，如提出能够增加客户销售量，或能够使客户节省费用、增加利润的方法。

一位推销高手曾这样谈道："准客户对自己的需要，总是比我们推销人员所说的话还要值得重视。根据我个人的经验，除非有一个有益于对方的构想，否则我不会去访问他。"

推销人员向客户作建设性的访问，必然会受到客户的欢迎，因为你帮助客户解决了问题，满足了客户的需要，这比你对客户说："我来是推销什么产品的"更能打动客户。尤其是要连续拜访客户时，推销人员带给客户一个有益的构想，是给对方良好印象的一个不可缺少的条件。

王涛的客户是一位五金厂厂长。多年以来，这位厂长一直在为成本的增加而烦恼不已。王涛在经过一番详细的调查后了解到其成本增加的原因，多半在于该公司购买了许多规格略有不同的特殊材料，且原封不动地储存。如果减少存货，不就能减少成本了吗？当王涛再次拜访五金厂厂长时，把自己的构想详尽地谈出来。厂长根据王涛的构想，把 360 种存货减少到 254 种，结果使库存周转率加快，同时也大幅度地减少了采购、验收入库及储存、保管等事务，从而降低了费用。

而后，五金厂厂长从王涛那里购买的产品大幅度地增加。

要能够提出一个有益于客户的构想，推销人员就必须事先搜集有关信息。王涛说："在拜访顾客之前，如果没有搜集到有关信息，那就无法取得成功"。

王涛只是稍做一点准备，搜集到一些信息，便采取针对性的措施，打动了客户的心。正因为王涛认真地寻求可以助顾客一臂之力的方法，带着一个有益于顾客的构想去拜访客户，才争取到了不计其数的客户。

时刻注意自己的衣着品位

人们习惯于用眼睛评判一个人的身份、背景，我们没有理由因为穿着的不当而丢失一份可能的订单。在西方有一句俗语：你就是你所穿的！可见人们对于仪表与穿着的重视。在华尔街还有一条类似的谚语：不要把你的钱交给一个脚穿破皮鞋的人。曾有位经理说过这样一个小故事：

A 公司是国内很有竞争力的公司，他们的产品质量非常不错，进入食品添加剂行业有一年，销售业绩就取得不错的成绩。

有一天，我的秘书电话告诉我 A 公司的销售人员约见我。我一听是 A 公司的就很感兴趣，听客户说他们的产品质量不错，我也一直没时间和他们联系。没想到他们主动上门来了，我就告诉秘书让他下午 3：00 到我的办公室来。

3：10 我听见有人敲门，就说请进。门开了，进来一个人，穿一套旧的皱皱巴巴的浅色西装，他走到我的办公桌前说自己是 A 公司的销售人员。

我继续打量着他，羊毛衫，打一条领带。领带飘在羊毛衫的外面，有些脏，好像有油污。黑色皮鞋没有擦，看得见灰土。

有好大一会儿，我都在打量他，心里在开小差，脑中一片空白。我听不清他在说什么，只隐约看见他的嘴巴在动，还不停地放些资料在我面前。

他介绍完了，没有再说话，安静了。我一下子回过神来，我马上对他说：把资料放在这里，我看一看，你回去吧！

就这样我把他打发走了。在我思考的那段时间，我的心里没有接受他，本能地想拒绝他。我当时就想我不能与 A 公司合作。后来，另外一家公司的销售经理来找我，一看，与先前的那位销售人员简直有天壤之别，精明能干，有礼有节，是干实事的，我们就合作了。

作为一名与客户打交道的销售人员，我们应该注意自己仪表的哪些方面呢？

一般来说，男销售人员不宜留长发，女销售人员不宜浓妆艳抹、穿着暴露。作为一名销售人员，你应当设法争取更多的顾客，穿着上要做到雅俗共赏。

除此以外，销售人员不能蓬头垢面，不讲卫生。有些销售人员不刮胡子，不剪指甲，一讲话就露出满口黄牙或被烟熏黑了的牙齿，衣服质量虽好，但不洗不熨，皱皱巴巴，一副邋遢、窝囊的形象。这样顾客就会联想到销售人员所代表的企业，可能也是一副破败衰落的样子，说不定已经快要破产了。

人们都会通过一个人的衣着来揣测对方的地位、家庭修养、所受的教育背景，因此我们应时刻注意自己的衣着品位，避免遭到某种不怀善意的猜测。

名字的魅力很奇妙

记住客户的名字和称谓很重要。

在卡耐基小的时候，家里养了一群兔子，所以每天找青草喂兔子成了他每日固定的工作。卡耐基年幼时家中并不富裕，他还要代替母亲做其他的杂事，所以，实在没有充裕的时间找到兔子喜欢吃的青草。因此，卡耐基想了一个办法；他邀请了邻近的小朋友到家里看兔子，要每位小朋友选出自己最喜欢的兔子，然后用小朋友的名字给这些兔子命名。每位小朋友有了与自己同名的兔子后，每天都会迫不及待地送最好的青草给自己同名的兔子。

名字的魅力非常奇妙，每个人都希望别人重视自己，重视自己的名字，就如同看重他本人一样。

1898 年，纽约石地乡有一个名叫吉姆的男孩，他的父亲意外去世后，他为养家到砖厂去工作，任务是把沙摇进模型中，然后将砖放到一边，让太阳晒干。这个男孩从未有机会接受过教育，但他有着爱尔兰人乐观的性格和讨人喜欢的本领，后来他开始参政，多年以后，他养成了一种非凡本领。他从未见过中学是什么样子，但在他 46 岁以前，4 所大学已授予他学位，他成了民主党全国委员会的主席，美国邮政总监。

记者有一次访问吉姆，问他成功的秘诀。他说：“若干。”记者说：“不要开玩笑。”

他问记者：“你以为我成功的原因是什么。”记者回答说：“我知道你能叫出 1 万人的名字来。”

“不，你错了，”他说，“我能叫出 5 万人的名字！”

销售人员在面对客户时，若能经常流利地以尊重的方式称呼客户的名字，客户对你也会越有好感。专业的销售人员会密切注意，潜在客户的名字有没有被媒介报道，若是你能带着报道有潜在客户名字的剪报拜访你初次见面的客户，客户能不被你感动吗，能不对你心怀好感吗？记住客户的名字，客户才会记住你。

共同的话题能引起对方兴趣

与客户打交道，难免要遇到形形色色的人。人们因为各自的经历、年龄、性格、职业、受教育程度的不同，而呈现出不同的性格、爱好，有时甚至影响到他购买的行为。

如何能在短时间内与不同的客户缩短距离，这是考验我们的一个难题。

沟通，首先是要营造一个轻松、愉快的谈话氛围。这样可以促使客户打开“话匣子”，在愉悦的心情下更愿意成交。无论是和什么样的客户打交道，共同的话题总能有效引起对方的兴趣。

某公司的汽车销售人员小秦在一次大型汽车展示会上结识了一位潜在客户。通过对潜在客户言行举止的观察，小秦分析这位客户对越野型汽车十分感兴趣，而且其品位极高。虽然小秦将本公司的产品手册交到了客户手中，可是这位潜在客户一直没给小秦任何回复，小秦曾经有两次试着打电话联系，客户都说自己工作很忙，周末则要和朋友一起到郊外的滑雪场滑雪。

后来又经过多方打听，小秦得知这位客户酷爱滑雪。于是，小秦上网查找了大量有关滑雪的资料，一个星期之后，小秦不仅对周边地区所有著名的滑雪场了解得十分深入，而且还掌握了一些滑雪的基本功。

再一次打电话时，小秦对销售汽车的事情只字不提，只告诉客户自己“无意中发现了一家设施特别齐全、环境十分优美的滑雪场”。下一个周末，小秦很顺利地在那家滑雪场见到了客户。小秦对滑雪知识的了解让那位客户迅速对其刮目相看，客户大叹自己“找到了知音”。

在返回市里的路上，客户主动表示自己喜欢驾驶装饰豪华的越野型汽车，小秦告诉客户：“我们公司正好刚刚上市一款新型豪华型越野汽车，这是目前市场上最有个性和最能体现品位的汽车。”一场有着良好开端的销售沟通就这样形成了。

与客户沟通的一个关键点在于能否找到共同的话题，从而拉近双方的心理距离。学会找共同话题很重要，许多时候需要我们用心去观察，以便找到合适的话题。

当然，有些话题是显而易见的，每个人都有属于自己特征。有人爱好足球，也有人喜爱旅游……找到一个恰当的突破口，成功的沟通也就顺理成章了。

·第五章·

调动客户的积极性

不注重去激发客户想要买的积极性，而只是一再地强调产品性能，是导致销售员产品卖不出去的原因。客户若缺乏主动性，销售员则很难与其展开实质性的沟通。如果无法让客户对产品产生兴趣，那么，说再多的话都是白费工。

让客户进行尝试

在销售过程中，有经验的销售人员会使用方法调动客户的积极性，让客户“动”起来，而不是坐在办公桌后面听销售人员的“演讲”。

优秀的销售人员在做生意时，常常邀请客户尝试他们的商品。从心理学的角度来说，当客户进行尝试时，他们会觉得自己似乎已经是商品的主人了，会产生依恋，会逐渐习惯产品。一旦他们习惯了，就会理所当然地将之买下。

譬如，一名出色的珠宝商人会把一枚漂亮的戒指戴在一位女孩的手指上，悄悄观察她的反应。要是她喜欢的话，商人就会说：“好是好，只是稍微大了点。不过，我会把它弄得完美无缺。美女，请问您姓什么？我会替您把它刻在戒指上。”

同样，聪明的服装销售员要是看到一位客户很欣赏一套西服时，他会把它取下来，对客户说：“那边有试衣间，您可以穿上看看。”当客户出来的时候，他会指着一面镜子说：“先生，您来照照。瞧，这衣服的颜色多适合您，简直是为您定做的！”

如果客户不反对的话，你可以拿出一把尺子，在客户身上比来比去。

“这西装两肩正合适，不过，背面稍微收短了一点。”

“袖子稍长了一点，”他好像自言自语地说，“您想让衬衣袖口露出来吗？”他一本正经地问。

客户点头。

“那么，我就给您剪掉这么长。”

虽然客户没有开口说话，但他的沉默就意味着默许，这单生意通常会成交的。因为销售员已经用互动的方法让客户熟悉、适应并依恋上了他的商品。

另外，更聪明的销售员还会利用激发客户主意识的方法。具有自主意识的客户一般更信任自己，并且愿意冒险。而自主意识不强的人害怕冒险，在购买昂贵商品时会因为担心作出错误决定犹豫不决。当销售员激发起了客户的自主意识，客户就会自主自发地进行购买，用不着销售员再苦口婆心地进行劝说了。

要想激活客户内心的自主意识，可以从了解客户的资料开始，正如一名优秀的销售人员所说的："事先做好充分的准备使我受益良多。当他们发现我对他们的生活了解得如此之多、如此之深时，他们简直有些受宠若惊的感觉。不用说，我已经赢了好几分。"当客户知道你是这么想了解他，对他感兴趣，他会打开话匣子，积极地参与到销售中来。"也许推销最好的办法就是用大部分时间去听客户说话，有自主意识的人都喜欢别人洗耳恭听，所以我就静坐一旁，一脸的专注神情。但是，我不会到此为止，我在聆听的同时还会拿出笔记本和铅笔，大致记下他们说的话—而他们也喜欢我这样！我做笔记并不仅仅是为了得到一些信息，更重要的是通过记录那些'智慧的珍珠'极大地满足他们的自主意识，让他们兴致大增——而我最终拿到了想要的订单。"

做笔记是一种获得好感的好方法，但是你不必在每一次推销中都运用这种技巧，它只是反映出你对客户讲话有兴趣而已。所以，再一次提醒你做一名好听众。当然，有时也得做一个记录员。记住，这种推销技巧只适用于当你做实情调查、收集非正式信息的时候。在某些情况下，你应当把正式信息不失时机地直接记在订单上。

积极的客户是我们的力量源泉，同样地，我们对他们的"特别看重"也是客户参与进来的力量源泉。销售员与客户之间友好互动的方法，可以更好地激发起客户的自主意识，激发客户主动购买的积极性。我们在销售的过程中一定要注意这一点，要根据实际情况多采用一点“诡计”让客户“动”起来。

报价是谈判的一项重要工作

在销售过程中，报价是谈判的一项重要工作。报价得当与否，对报价方的利益和以后的谈判有很大影响，而有的销售人员恰恰是在这个环节中出现了问题，他们总是含糊报价，以为这样就可以搪塞过去，但是问题也就出现在这里，客户可能因为你不够诚实而取消合作。

詹姆士经过几次电话拜访之后，终于与路易斯先生就购买网络服务器达成了初步意向。这天，他又给路易斯打电话。

詹姆士："路易斯先生，你好，我是詹姆士。"

路易斯："詹姆士，你这电话来得正是时候，刚才财务部来人，要我把新购设备的报价单给他们送过去，他们好考虑一下这笔支出是否合算。"

詹姆士："这个嘛，你别着急，价格上不会太高的，肯定在你们的预算支出之内。"

路易斯："詹姆士，财务部的人可是只认数字的，你总应该给我一个准确的数字吧，或者该把报价单做一份给我吧。"

詹姆士："哦，放心好了，路易斯先生，顶多几十万，不会太多的。对你这么大的公司来说，这点钱实在不算什么。"

路易斯："詹姆士，几十万是什么意思？这也太贵了吧。你怎么连自己产品的价格都如此含混不清呢？看来，我得仔细考虑一下是否购买你们的网络服务器了。"

当客户询价时，报价是谈判的一项重要工作，绝不能含糊、搪塞，否则客户可能因为你不够诚实而取消合作。那么怎样做才能避免出现此类问题呢？销售人员要遵守以下几个原则：

1. 科学定价原则

制订一个合理的价格是处理好问题的基础与前提。销售人员必须和公司商量，制订出合理的价格，而不可擅自做主，不负责任地给客户报价。

2. 坚信价格原则

推销员必须对自己产品的价格有信心。推销员定价前应慎重考虑，一旦在充分考虑的基础上确定价格后，就应对所制订的价格充满信心。要坚信这个价格是客户都会满意的价格。

3. 先价值后价格的原则

在推销谈判过程中应先讲产品的价值与使用价值，不要先讲价格，不到最后成交时刻不谈价格。推销员应记住，越迟提出价格问题对推销员就越有利。客户对产品的使用价值越了解，就会对价格问题越不重视。即使是主动上门取货与询问的客户，亦不可马上征询他们对价格的看法。

4. 坚持相对价格的原则

推销员应通过与客户共同比较与计算，使客户相信产品的价格相对于产品的价值是合理的。相对价格可以从以下几方面证明：相对于购买产品以后的各种利益、好处及需求的满足，推销产品的价格是合理的；相对于产品所需原料的难以获取，相对于产品的加工复杂程度而言，产品的报价是低的。虽然从绝对价值看价格好像是高了点，但是每个受益单位所付出的费用相对少了，或者是相对于每个单位产品，价格是低的。

小赠品也能发挥大效力

日本人最懂得赠送小礼物的奥妙，大多数公司都会费尽心机地制作一些小赠品，供推销人员初次拜访客户时赠送给客户。小赠品的价值不高，却能发挥很大的效力，不管拿到赠品的客户喜欢与否，当他们感觉受到了别人的尊重时，内心的好感必定油然而生。

找合适的机会送给客户小礼物来沟通与客户之间的感情。也许客户非常想参加一场活动，而你有机会得到入场券，那么给他一张，彼此高兴，何乐而不为呢？或者送给客户一件他早已心仪的小玩意。

但切记一定要在合适的环境下赠送小礼物，同时，提出恰当的理由，千万别让人感觉你另有所图。如果礼物被认可，那么你也会得到称赞，一旦客户接受了小礼物，那么你们很可能会成为朋友了。

送客户礼物的时机很重要。一些适合送礼的时机如：逢年过节、对方获得晋升、新婚之喜、可爱的宝宝诞生了、乔迁之喜，也可送礼祝贺对方迈入事业的新里程。此外，当自己不小心冒犯他人或遗漏重要的事，可以借着送礼，诚心地表达歉意。当对方遇到不顺心的事，透过礼物表达你的关怀与鼓励吧！雪中送炭的温暖是锦上添花所无法比拟的。

特别要提醒你的是，当你正在争取一笔交易，或是当双方的企划或合约还在考虑或交涉的阶段，绝不是送礼的好时机。毕竟，如果一时的好意却沦为不名誉的指控，可真是遗憾又扫兴了。所以，贴心的礼物请在交易结束后再送出。

至于礼物的分量，则和生意的大小有关。一般而言，完成大生意，送的礼就大些；完成小生意，送的礼就小些。书是很好的礼物。建议别送太过私人的物品。

销售人员王磊与一个企业的业务经理取得了联系，通过第一次交流，王磊了解到两个重要信息：一是这位经理有个上初中的女儿，并且非常爱他的女儿；二是他自己没有多少电子商务的知识，想学习又没有学习的渠道。

于是在第二次去拜访的时候，王磊一口气买了七本有关电子商务和网络营销方面的书籍送给经理，当王磊从包里取出书递给他的时候，王磊看到了写在他脸上的惊讶和感动。

经过接触，他们成了朋友，虽说书籍不是很贵重的礼物，但的确是王磊的一片心意，抛除了业务原因，王磊更愿意以朋友的身份来看待这份小礼品。当然，合同也签下来了。

·第六章·

更能促成交易的推销方法

在销售工作中，你有遇见过顾客主动向你提出成交的要求吗？这样的顾客应该太少了吧！绝大多数的顾客都不会采取主动，这就需要销售员主动出击，采取促成行动。对于那些优秀的销售员来说，他们会将促成顾客购买视为真正能够帮到顾客的机会，会帮助顾客买到他所需要的产品。

留一点悬念给客户

克林顿·比洛普是美国著名的推销行家，在创业初期，为了多赚一点钱，他曾为康涅狄格州西哈福市的商会推销会员，并借此他敲开了该市各企业领导人士的大门。

有一次，他去拜访一家小布店的老板。这位老板是第一代土耳其移民，他的店铺离一条分隔东哈福市和西哈福市的街道只有几步路的距离。结果，这个地理位置成了这位老板拒绝加入商会的最佳理由。

“听着，年轻人，西哈福市商会甚至不知道有我这个人。我的店在商业区的边缘地带，没有人会在乎我。”

“不，先生，”克林顿·比洛普坚持说，“您是相当重要的企业人士，我们当然在乎您。”

“我不相信，”老板坚持己见，“如果你能够提出一点证据反驳我对西哈福市商会所下的结论，那么我就会加入你们的商会。”

“先生，我非常乐意为您做这件事，”比洛普注视着老板说，“我可不可以和您约定下一次会面的时间？”

老板一听，觉得这是摆脱比洛普最容易的方式，于是毫不犹豫地说：“当然，你可以约个时间。”

“嗯，45 分钟之后您有空吗？”比洛普说。

老板十分惊讶，他没想到比洛普要在 45 分钟之后再与他会面。

惊讶之下，顺口说了，“嗯，我会在店里。”

“很好，”比洛普说，“我会在 45 分钟后回来。”

比洛普快速离开布店，然后直接往商会办公室冲去。他在那里拿了一些东西之后，又到邻近的文具店买了该店库存中最大型的信封袋。带着这个信封袋，比洛普再次来到布店。他把信封放在老板的柜台上，开始重复先前与老板的对话。在交谈的过程中，老板的目光始终注视着那个信封袋，猜想里面到底装了什么。

最后，他终于忍不住了，就问："年轻人，我可不想一直和你耗下去，这个信封里到底装了什么？"

比洛普将手伸进信封，取出了一块大型的金属牌。"商会早已做好了这块牌子，好挂在每一个重要的十字路口上，以标示西哈福商业区的范围，"比洛普带着老板来到窗口说，"这块牌子将挂在这个十字路口上，这样一来，客人就会知道他们是在西哈福区内购物，这便是商会让人知道您在西哈福区内的方法。"

老板的脸上浮现一丝笑容。比洛普说："好了，现在我已经结束了我的讨价还价了，您也可以把您的支票簿拿出来好结束我们这场交易了。"

老板便在支票上写下了商会会员入会费的金额。

开门见山、直奔主题是一种推销方法，出其不意、欲擒故纵也是一种推销方法，而后者往往比前者更能促成交易。

在这个案例中，年轻时的克林顿·比洛普为了生计，成为康涅狄格州西哈福市的商会推销会员。这次他的目标客户是一家布店的老板，而这家店正好位于一条分隔东哈福市和西哈福市的街道旁边，这个位置成了布店老板拒绝加入商会的理由："西哈福市商会甚至不知道有我这个人，我的店在商业区的边缘地带，没有人会在乎我。"这是一种客户思考后得出的结论。

比洛普要想拿下这个订单，就必须让客户的思维发生转变。这时候，比洛普采用了欲擒故纵的谈判策略："我可不可以和您约定下一次会面的时间。"这让客户放松了警惕，以为可以就此摆脱比洛普，于是就同意了，说明此时客户的防范意识减弱。

令他没想到的是，比洛普竟然说："45 分钟之后您有空吗？"这让布店老板非常惊奇，也给他留下了悬念。之后，比洛普先回商会办公室“拿了一些东西”（事先已经准备好），然后又去商店买了一个最大型的信封（临场发挥）。当回到客户的面前时，他并不急于说明信封内的东西，这让客户的好奇心越来越浓，以至于最后主动询问，这正是比洛普要达到的效果。最后，谜底揭开，客户不得不认同比洛普的做法，终于答应入会。

可见，在谈判的过程中，如果能留一点悬念给客户，让客户对你的下一步行动感到好奇，那么，在揭示悬念的同时，交易也自然会完成。

洞悉人性的营销高手

英国十大推销高手之一约翰・凡顿的名片与众不同，每一张上面都印着一个大大的25%，下面写的是约翰・凡顿，英国××公司。当他把名片递给客户的时候，所有人的第一反应都是相同的："25%是什么意思?"约翰・凡顿就告诉他们："如果使用我们的机器设备，您的成本就会降低25%。"这一下就引起了客户的兴趣。约翰・凡顿还在名片的背面写了这么一句话："如果您有兴趣，请拨打电话……"然后将这名片装在信封里，寄给全国各地的客户。这把许多人的好奇心都激发出来了，客户纷纷打电话过来咨询。

你必须确定你所要告诉客户的事情是他感兴趣的，或对他来讲是重要的。所以当你接触客户的时候，你所讲的第一句话，就应该让他知道你的产品和服务最终能给他带来哪些利益，而这些利益也是客户真正需求和感兴趣的。

钢琴最初发明的时候，钢琴发明者很渴望打开市场。最初的广告是向客户分析，原来世界上最好的木材，首先拿来做烟斗，然后再选择去制造钢琴。钢琴发明者从木材素质方面来宣传钢琴，当然引不起大家的兴趣。

过了一段时间，钢琴销售商开始经销钢琴，他们不再宣传木材质料，而是向消费者解释，钢琴虽然贵，但物有所值。同时，又提供优惠的分期付款办法。客户研究了分期付款的办法之后，发觉的确很便宜，出很少的钱便可将庞大的钢琴搬回家中布置客厅，的确物超所值。不过，客户还是不肯掏腰包。

后来，有个销售商找到一个新的宣传方法，他们的广告很简单："将您的女儿玛莉训练成贵妇吧!"广告一出，立即引起了轰动。自此之后，钢琴就不愁销路了。

这就是营销高手洞悉人性的秘诀。告诉客户你的产品能为他的生活带来哪些好处，告诉他应得的利益，销售就能顺利地进行。

调整价格的策略

双方交易，就要按底价讨价还价，最终签订合同。这里所说的底价并不是指商品价值的最低价格，而是指商家报出的价格。这种价格是可以浮动的，也就是说有讨价还价的余地。围绕底价讨价还价是有很多好处的。举一个简单的例子：

早上，甲到菜市上去买黄瓜，小贩 A 开价就是每斤 5 角，绝不还价，这可激怒了甲；小贩 B 要价每斤 6 角，但可以讲价，而且通过讲价，甲把他的价格压到 5 角，甲高兴地买了几斤。此外，甲还带着砍价成功的喜悦买了小贩 B 几根大葱呢！

同样都是 5 角，甲为什么愿意磨老半天嘴皮子去买要价 6 角的呢？因为小贩 B 的价格有个目标区间——最高 6 角是他的理想目标，最低 5 角是他的终极目标。而这种目标区间的设定能让甲讨价还价，从而获得心理满足。

如果想抬高底价，尽量要抢先报价。大家都知道的一个例子就是，卖服装有时可以赚取暴利，聪明的服装商贩往往把价钱标得超出进价一倍甚至几倍。比如一件皮衣，进价为 1000 元，摊主希望以 1500 元成交，但他标价 5000 元。几乎没有人有勇气将一件标价 5000 元的皮衣还价到 1000 元，不管他是多么精明。而往往都希望能还到 2500 元，甚至 3000 元。摊主的抢先报价限制了顾客的思想，由于受标价的影响，顾客往往都以超过进价价格购买商品。

在这里，摊主无疑是抢先报价的受益者。报价时虽然可以把底价抬高，但是这种抬高也并不是无限制的，尤其在行家面前，更不可大意。如果销售员觉得自己的产品正好是对方急需的，而将价格任意抬高，最终失去对方的信任，导致十拿九稳的交易失败，对销售员来说也是一个很好的教训。

某公司急需引进一套自动生产线设备，正好销售员露丝所在的公司有相关设备出售，于是露丝立刻将产品资料快递给该公司老板杰森先生，并打去了电话。

露丝："您好！杰森先生。我是露丝，听说您急需一套自动生产线设备。我将我们公司的设备介绍给您快递过去了，您收到了吗？"

杰森（听起来非常高兴）："哦，收到了，露丝小姐。我们现在很需要这种设备，你们公司竟然有，太意外了。"

（露丝一听大喜过望，她知道在这个小城里拥有这样设备的公司仅她们一家，而对方又急需，看来这桩生意十有八九跑不了了。）

露丝："是吗？希望我们合作愉快。"

杰森："你们这套设备售价多少？"

露丝（颇为洋洋自得的语调）："我们这套设备售价 30 万美元。"

客户_（勃然大怒）："什么？你们的价格也太离谱了！一点儿诚意也没有，咱们的谈话就到此为止！"（重重地挂上了电话）

如果你在和客户谈判时，觉得不好报底价，你完全可以先让对方报价。把对方的报价与你心目中的期望价相比较，然后你就会发现你们的距离有多远，随之调整你的价格策略，这样的结果可能是双方都满意的。切忌报价过高，尤其在行家面前。

有信心地等待对方的沉默

有些销售人员在等待客户决策时，往往缺乏信心，耐不住性子，因而会做出一些节外生枝的事情。因此，作为一名行销人员在等待客户决策时一定要有信心，耐住性子。

“冯经理，您好，我是××报的小田，周二早上我到您公司拜访过，咱们说好今天把广告定下来，您打算做1/3版还是1/4版？”

“你们这个版面收费太高，不瞒你说，我已经打算在别的报纸上做了。”

“冯经理，您是知道的，我们这个版费是标准版费，同行业都是这个标准，而且我们报纸的发行量大。您在其他小报上做几个广告合起来的发行还不如我们一家报社，费用却高多了，您说是吧？”

“嗯，这……”

“您就别犹豫了，您看是做1/3版，还是1/4版？”

（客户沉默了10秒后）

“冯经理，您是知道的，目前有很多客户都想做这个头版。”

“小田，你就别过来了，后天这版我们就不出了，咱们再联络，以后再说吧。”

在这次电话沟通中冯经理出现了两次沉默。他第一次陷入沉思，其实是在做决定。如果小田在这时打断他的沉默，也算勉强允许。但当客户第二次沉默时，是绝不允许被打断的。因为在那个时候，客户有可能在考虑是否当场成交。在这时，我们需要有足够的耐心顶住心理压力，给客户足够的时间去思考做决定。如果这个时候打断对方，那成交的事很可能就化为泡影了。

正如有的业务员所说的那样：“对方一沉默，我就像被人用枪瞄着，却总也听不见枪响，比挨一枪还难受。”这就是业务新人常犯的沉默恐惧症。

他们认为沉默意味着缺陷。客户的沉默使业务员感到压抑，很冲动地产生打破沉默的念头。相反，有经验的业务员在敦促到一定程度的时候，会主动沉默。这种沉默是允许的，而且也是受客户欢迎的。因为你适时的沉默使客户感到放松，使其不至于因为有催促而做出草率的决定。

其实，沉默的时间并非像有些耐不住的业务员感受的那样漫长。当客户沉默的时候，他比业务员承受的压力要大得多，所以很少有客户的沉默会超过30秒。一般来说，客户在你沉默10秒最多不超过20秒后，他就会对你开口。在这种情况下，客户说出的基本上是实质性的决定。

如果客户传递出马上要考虑的信息，那么现在就给他时间考虑，这总比他说“三天之后你再来电话”好。

在销售中，等待决策是我们经常遇到的，这种时候最主要的就是要很有信心地等待对方的沉默。这样，成交的机会就会大增。

为顾客提供最好的售后服务

从长远看，那些不提供服务或服务差的推销人员注定前景暗淡。他们必将饱受挫折与失望之苦，他们中的很多人不可避免地会为了养家糊口而从早到晚四处奔忙。就是这些推销人员忽视了打牢基础的重要性，他们发现自己每年都像刚出道的新手一样疲于奔命、备受冷遇。所以，对顾客提供最好的、全力以赴的售后服务并不是可有可无的选择；相反，这是推销人员要生存下去的至关重要的选择。

甘道夫是全美十大杰出业务员，历史上第一位一年内销售超过10亿美元的寿险业务员，被称为“世界上最伟大的保险业务员”。甘道夫在全美50个州共服务了超过一万名客户，从普通工人到亿万富豪，各个阶层都有。

甘道夫说：“你对你的客户服务愈周到，他们与你的合作关系就会愈长久。不管你推销的是什么，这个法则都不会改变。”

优质的服务可以排除顾客可能有的后悔感觉，大部分的顾客喜欢在买过东西后，得到正面的回应，以确定他们买了最正确的产品。

每当完成一笔交易，甘道夫总会寄上答谢卡给他的客户，即使是最富有的客户。甘道夫有许多成功、富有的客户，他们拥有豪华汽车和别墅。他们什么都不缺，然而，他们仍然喜欢收到这些卡片。大部分的客户每年都会收到生日卡片，甘道夫总会在生意促成时，记住客户的生日，然后在适当时机寄出一张卡片给他。

此外，每当客户向他买保险一周年时，甘道夫就会亲自登门拜访。作为一名保险推销员，他总是详细记住客户的资料，比如亲戚尚在或已故、结婚或离婚、企业的经营状况等等。此外，他还会寄给某位客户可能对他有用的杂志或报道。

在产品大同小异的情况下，为顾客提供更好的、与众不同的服务，是销售员的成功之本。

· 第七章 ·

赢得客户的信任非常重要

销售员每天都要与不同的客户打交道，销售员只有把与客户的关系处理好了，才有机会向客户推介你的产品，客户才有可能接受你的产品。信任，是影响你是否能够与客户成功签单的重要前提，客户对你不够信任，那么你的销售进度将会大大降低，甚至会一直遭到客户的拒绝。

信任关系是获得成交的基础

任何一笔生意的基础，靠的是什么？靠的就是双方建立起来的相互信任。

我们可以通过一个故事来说明这个问题：

在一个炎热的下午，有一位穿着汗衫、满身汗味儿的老农夫走进了汽车展示中心的大厅，他刚一进来，迎面立刻走来一位笑容可掬的营业小姐，很客气地询问老农夫："大爷，我能为您做什么吗？"

老农夫有点腼腆地说："不用，不用，外面天气热，我刚好路过这里，只是想进来吹吹冷气，马上就走啊。"

营业小姐听完后亲切地说："是啊，今天外面确实很热，您就在这休息一会儿吧！"说着便请老农夫坐在沙发上休息。

"可是，我们种田人衣服不太干净，怕会弄脏你们的沙发。"

小姐却微笑着说："没关系的，沙发就是给客人坐的，否则，公司买它干什么？"

休息一会儿后，老农夫便走向展示中心，围着那儿的新货车东瞧瞧，西看看。

这时，那位营业小姐又走了过来："大爷，这款车是新上市的，要不要我帮您介绍一下？"

"不用！不用！"老农夫连忙说，"你不要误会了，我可没有钱买，种田人也用不到这种车。"

"不买没关系，以后有机会您还可以向您的朋友们介绍一下啊。"然后小姐便详细耐心地将货车的性能逐一解说给老农夫听。

听完后，老农夫突然从口袋中拿出一张皱巴巴的白纸，交给这位柜台小姐，并说："这些是我要订的车型和数量，请你帮我处理一下。”

小姐有点诧异地接过纸来一看，这位老农夫一次要订 6 台货车，连忙紧张地说：“大爷，您一下订这么多车，我们经理不在，我必须找他回来和您谈，同时也要安排您先试车。”

此时，老农夫语气平稳地说：“小姐，不用找你们经理了，我本来是种田的，最近和人投资搞货运生意，需要买几台货车，可是我对车子外行。买车简单，最担心的就是车子的售后服务及维修，因此我儿子教我用这个笨方法来试探每一家汽车公司。这几天我走了好几家，每当我穿着同样的旧汗衫走进他们的销售大厅，同时表明我没有钱买车时，常常会受到冷落，而只有你们公司，在得知我不是你们的客户之后，还那么热心地接待我，为我服务。对于一个不是你们客户的人尚且如此，更何况成为你们的客户之后呢？所以我决定购买你们的货车。”

正是因为营业小姐赢得了农夫的信任，她才意外地接到了一笔大订单。可见，赢得客户的信任是多么重要。所以说，与客户建立起信任关系是获得成交的基础，如果我们不能赢得客户的信任，销售基本是不可能成功的。

客户对销售人员的信任一般来自以下五个方面：

1. 讲话方式

是指销售人员的声音表现是否专业。当客户对销售人员的专业能力了解不多的情况下，他会通过其谈话方式，包括语音、语调等因素来判断其是否专业。

2. 讲话内容

是指销售人员的专业能力。任何一个客户都希望与一个很熟悉他们行业的专家打交道，而不是同一个只会介绍公司的人打交道。在这种情况下，销售人员可以运用自己的专业能力来与客户建立信任关系，让客户从心里佩服你，信任关系也就自然而然地建立起来了。

3. 可靠

履行诺言是可靠的一大标志，销售人员一定要遵守与客户约定的事情，并按时执行。当然，从声音中也可以判断一个人是否可靠。

4. 坦诚

坦率而真诚的销售人员往往能取得客户的信任。坦率，就是要与客户开诚布公。举个简单的例子，销售人员要正视自己公司或产品的相对不足的地方，并能与客户公正地去探讨它，而不是把自己夸得毫无缺点，甚至不惜说谎话来欺骗客户，这都对建立信任关系很不利。真诚，就是要从客户出发，真心想帮助客户成功。没有哪一个客户会拒绝真诚要帮助自己的人。

5. 致力于建立长期关系

销售人员当然希望在最短的时间内与客户建立起信任关系，但有时候他们必须花相当长的时间来与客户建立信任关系。对有些客户来讲，必须要经过了解、喜欢、信任这个过程，才能建立起信任关系。

微笑和真诚是影响客户情绪的重要元素

俗话说“伸手不打笑脸人”。我们不难联想到自己工作生活中的一些场景：比如当领导发火时，赶紧主动道歉，将责任全部揽到自己身上；比如约会放人鸽子，见面马上道歉，并想办法让对方开心，这就相当于战争开始前就已经举起了白旗，对方还会忍心对你开枪吗？

微笑和真诚是影响客户情绪的最重要的元素，可以化客户的怒气为平和，化客户的拒绝为认同。

在销售过程中，客户的情绪往往是变化无常的，如果销售人员不注意，则很可能会由于一个很小的动作或一句微不足道的语言使客户放弃购买，而之前所做的一切努力都要付诸东流。尤其是面对客户对于产品的价格、质量、性能等各个方面或大或小、可有可无的抱怨，如果销售员不能够正确妥善地处理，将会给自己的工作带来极大的负面影响，不仅仅影响业绩，更可能会影响公司的品牌。

所以，学会积极回应客户的抱怨，温和、礼貌、微笑并真诚地对客户作出解释，消除客户的不满情绪，让他们从不满到满意，相信销售员收获的不仅仅是这一次的成交，而是客户长久的合作。

客户的抱怨一般来自以下几个方面：

首先，是对销售人员的服务态度不满意。比如有些销售员在介绍产品的时候并不顾及客户的感受和需求，而是像为了完成任务而一味说产品多好；或者是在客户提出问题后销售人员不能给出让客户满意的回答；或是在销售过程中销售员不能做到一视同仁，有看不起客户的现象等。

其次，是对产品的质量和性能不满意，这很可能是客户受到广告宣传的影响，对产品的期望值过高引起，当见到实际产品，发现与广告中的宣传存在差距，就会产生不满。还有一些产品的售后服务或价格高低都会成为客户抱怨的诱因。

销售人员面对这种抱怨或不满，要从自己的心态上解决问题，认识到问题的本质。也就是说，应将客户的抱怨当成不断完善自身的机会。客户为什么会对我们抱怨？这是每一个销售人员应该认真思考的问题。其实，客户的抱怨在很大程度上来自于一种期望，对品牌、产品和服务都抱有期望，在发现与期望中的情形不同时，就会促使抱怨情绪的爆发。而不管客户怎么抱怨，销售人员都能做到保持微笑，认同客户，真诚地提出解决方案，就可能使坏事变成好事，不但不影响业绩，相反会使业绩更上一层楼。

英国有一个叫比尔的推销员，有一次，一位客户对他说："比尔，我不能再向你订购发动机了！"

"为什么？"比尔吃惊地问。

"因为你们的发动机温度太高了，我都不能用手去摸它们。"

如果在以往，比尔肯定要与客户争辩，但这次他打算改变方式，于是他说："是啊！我百分之百地同意您的看法，如果这些发动机温度太高，您当然不应该买它们，是吗？"

"是的。"客户回答。

"全国电器制造商规定，合格的发动机可以比室内温度高出华氏72度，对吗？"

"是的。"客户回答。

比尔并没有辩解，只是轻描淡写地问了一句："你们厂房的温度有多高？"

"大约华氏75度。"这位客户回答。

"那么，发动机的温度就大概是华氏147度，试想一下，如果您把手伸到华氏147度的热水中，你的手不就要被烫伤了吗？"

“我想你是对的。”过了一会儿，客户把秘书叫来，订购了大约4万英镑的发动机。

情绪管理是每一个人都应该必修的课程，对于从事销售的人尤其如此。面对客户的抱怨，销售人员首先要做的就是控制自我情绪，避免感情用事，即使客户的抱怨是鸡蛋里挑骨头甚至无理取闹，销售人员都要控制好自己的情绪，对客户展开最真诚的笑容，用温和的态度和语气进行解释。解释之前一定要先对客户表示歉意和认同，这就是继控制自己情绪之后的第二个步骤：影响客户的情绪，化解他的不满。

在面对客户的抱怨时，销售员最忌讳的是回避或拖延问题，要敢于正视问题，以最快的速度予以解决。站在客户的立场思考问题，并对他们的抱怨表示感谢，因为他们帮助自己提高了产品或服务的质量。

记住，微笑和真诚永远是解决问题的最好方式。微笑多一些，态度好一些，解决问题的速度快一些，就会圆满解决问题。化干戈为玉帛，化抱怨为感谢，化质疑为信赖。抱怨的客户反而很可能会成为你永远的客户。

承诺的就一定要做到

你的每一个承诺就是一张契约，而所有的契约都是义务。虽然签订的合法契约能够收回，但那不是件容易的事。同样，收回承诺也不是件容易的事。

某电话销售人员的一位客户第二天过生日，电话销售人员在电话中承诺要送花篮给客户。没想到，第二天下起了瓢泼大雨，电话销售人员本不想出门，但考虑到向客户的承诺，经过激烈的思想斗争，还是拿起雨衣，带上花篮，开着摩托车，冲进了滂沱大雨中。

大雨下个不停，乡间小路越来越泥泞，突然，车熄火了。站在雨中，看着熄火的摩托车，电话销售人员很想放弃，但想到了自己的承诺，他便推着车，继续往前走。40 分钟后，当电话销售人员浑身上下水淋淋、一身泥泞地站在客户家的门口时，客户深深地感动了。

类似的事情可能是发生在千千万万名电话销售人员身上的一件很平常的事情，而促使这些销售人员这样做的动力就是：向客户承诺的就一定要做到。

的确，承诺的事情一定要做到，这不仅是一件光彩的事，而且是事业成功的基础！一般情况下，履行自己的诺言应该做到以下三点：

1. 不做过多承诺

每个工作人员都希望自己公司的产品能够被客户认可，因此，在介绍产品时，会尽量突出产品的各种优势和公司良好的声誉，如果过分地吹捧自己的产品和公司，夸大产品的性能和质量，甚至掩盖产品的缺点或将产品的缺点说成优点，也许能够一时蒙骗客户，使客户上当购买，但长此以往终究会给公司造成不可挽回的损失。

2. 做一个守时的人

业务员不管什么时候与客户相约，宁可早到也不要迟到，更不能无故缺席。假如你确实无法遵守你的承诺，你可以打个电话、写信，或亲自告诉你的客户，让他知道真正的原因。告诉你的客户："我知道我答应下午 3 点去看你，可是因为有点事，我们可不可以另外约个时间。"这要比完全破坏你的承诺好多了。而违背你的承诺会破坏你在客户心中的印象。

如果拜访前，客户提出需要一些产品（项目）的文件资料，既然承诺，无论如何都要亲自交到对方手中，只有迫不得已时才委托他人，资料假如流失而没交到客户手中，公司的信誉将大打折扣，本还有一丝希望的生意可能就要泡汤了。

3. 谈判成功后也要信守承诺

谈判成功以后，你需要列出一个详细承诺清单，这个清单应该尽可能地详细，不仅包括需要你自己亲自去做的工作，而且还要包括公司相关部门协作完成的工作。凡是你自己许下的承诺，毫无疑问应该保质、保量、保时履行；凡是公司相关部门协作完成的工作，你也应该留心这些承诺履行的情况，及时做好协调工作，尽可能地按质、按量、按时完成。

兑现承诺可以使别人对你建立起信心。如果不履行你的诺言，不仅动摇了别人对你的信心，同时还可能伤了一个人的心。对于客户提出的许多要求，我们一贯的原则是"少许诺，多兑现"。如果你向客户进行了许诺，那就一定要尽全力去实现，否则就会失去客户对你的信任，而信任感对于营销人员来说极其宝贵。

勇于拒绝不合理需求

一次，一家公司的推销员在跟一个大买主推销，突然这位客户要求看该汽车公司的成本分析数字，但这些数字属于公司的绝密资料，是不能给外人看的。而如果不给这位客人看，势必会影响两家和气，甚至会失掉这位大买主。

这位推销员一下子僵在那儿，他支吾了半天，说："那，那好吧！可是，这样不行……"

客户看到他犹豫不决的样子，以为他毫无诚意，拂袖而去。

推销员最终失去了这个大客户。

其实，很多时候，客户提出了过分的要求或者你满足不了客户所要求的服务时，你应该及时予以拒绝。当然，拒绝别人的请求，否定对方的意见，需要一定的技巧：既要使对方接受你的意见，又不伤害对方的自尊心。

有的人在推销中不肯轻易对对手说"不"，因为怕伤了对方的感情，也怕推销失败。尤其对那些急于从推销中获得一点什么的推销者来说，说"是"都来不及，哪里有说"不"的勇气！但是这样往往会适得其反。

怎样拒绝既能不违背你的原则、不损害公司利益，又能让客户接受呢？下面的几种技巧可以一试。

1. 用委婉的口气拒绝

拒绝客户，不要咄咄逼人，有时可以采用委婉的语气拒绝他，这样才不至于使双方都很尴尬。总之，对客户不合理的要求予以拒绝实际上是对客户的一种负责，因为企业不可能长期对客户提供额外、不合理的服务。企业应该把有限的资源和精力放在自己应做的事情上。

2. 用同情的口气拒绝

最难拒绝的人是那些只向你暗示和唉声叹气的人。但是，你若必须拒绝，用同情的口气效果可能会好一些。

3. 用赞扬的口气拒绝

拒绝的最好做法是先赞扬对方。例如当顾客提出一些不合理的要求时，你感到直接拒绝会影响生意，就可以使用赞扬的口气，先称赞对方一番，再拒绝他的不合理要求。这样就不会让对方觉得不快，也不会伤害他的自尊。

4. 用商量的口气拒绝

如果你的顾客抱怨商品价格太高，想打个折扣，而公司是不允许这样做的时候，你可以这样说："太对不起了，现在没有商品打折的活动，等以后有这方面的活动，我一定会在第一时间通知你，好吗?"这句话要比直接拒绝好得多。

当然，拒绝的方法还有很多种，比如用沉默表示"不"，用拖延表示"不"，等等。但无论如何，你要选择适当的时机、适当的技巧表示拒绝。

一位律师曾经帮助一名房地产商人进行出租大楼的谈判，由于他知道在何时说"不"，以及怎样恰当地说"不"，从而取得了不俗的效果。

当时有两家实力雄厚的大公司对这座大楼都表示出了浓厚的兴趣，两家公司都希望将公司迁到地理位置较好、内外装修豪华的地方。

律师思考一番后，先给 A 公司的经理打电话说："经理先生，我的委托人经过考虑之后，决定不做这次租赁生意了，希望我们下次合作愉快。"然后，他给 B 公司的老板打了同样的电话。

两家公司的老板都很纳闷，于是当天下午，他们几乎同时来到房地产公司，一番讨价还价之后，A、B 两家公司以原准备租用 8 层的价码分别租用了 4 层。很显然，房地产公司的净收入增加了一倍，相应地，律师的报酬也增加了一倍。这也告诉我们，只要在恰当的时间说“不”，就更有可能在成交之际让客户说“是”。

推销本身就充满了机遇与挑战，在渠道沟通中，正如一位推销专家说的：“推销是满足双方参与彼此需要的合作而利己的过程。在这个过程中，由于每个人的需要不同，因而会呈现出不同的行为表现。虽然我们每个人都希望双方能在谈判桌上配合默契，你一言，我一语，顺利结束推销，但是推销中毕竟是双方利益冲突居多，彼此不满意的情况时有发生，因此，对于对方提出的不合理条件，就要拒绝它。”

制造稀缺效应会倍增事物的价值

人们都有一种害怕失去或者错过时机的心理。利用这个心理有一个重要的前提：必须让客户认识到他所面临的购买时机是最好的时机，一旦错过就不会再有。玛丽·柯蒂奇就是善于为客户制造紧张气氛而使自己成为全美声名显赫的房地产经纪人的。

下面是玛丽的一个经典案例，她在 30 分钟之内卖出了价值 55 万美元的房子。

玛丽的公司在佛罗里达州海滨，这里位于美国的最南部，每年冬天，都有许多北方人来这里度假。1993 年 12 月 13 日，玛丽正在一处新转到她名下的房屋里参观。当时，他们公司有几个业务员与她在一起，参观完这间房屋之后，他们还将去参观别的房子。

就在他们在房屋里进进出出的时候，看见一对夫妇也在参观房子。这时，房主对玛丽说："玛丽，你看看他们，去和他们聊聊。"

"他们是谁？"

"我也不知道。起初我还以为他们是你们公司的人呢，因为你们进来的时候，他们也跟着进来了。后来我才看出，他们并不是。"

"好。"玛丽走到那一对夫妇面前，露出微笑，伸出手说："嗨，我是玛丽·柯蒂奇。"

"我是彼特，这是我太太陶丝，"那名男子回答，"我们在海边散步，看见有房子参观，就进来看看，我们不知道是否冒昧了？"

"非常欢迎，"玛丽说，"我是这房子的经纪人。"

"我们的车子就放在门口。我们从西弗吉尼亚来度假。过一会儿我们就要回家去了。"

"没关系，你们一样可以参观这房子。"玛丽说着，顺手把一份资料递给了彼特。

陶丝望着大海，对玛丽说："这儿真美！这儿真好！"

彼特说："可是我们必须回去了，要回到冰天雪地里去，真是一件令人难受的事情。"

他们在一起交谈了几分钟，彼特掏出自己的名片递给了玛丽，说："这是我的名片。我会给你打电活的。"

玛丽正要掏出自己的名片给彼特时，忽然停下了手，"听着，我有一个好主意，我们为什么不到我的办公室谈谈呢？非常近，只要几分钟就能到。你们出门往右，过第一个红绿灯，左转……"

见他们微微点头，玛丽便抄近路走到自己的车前，并对那一对夫妇喊："办公室见！"

车上坐了玛丽的两名同事，他们一起往玛丽的办公室开去。等他们的车子停稳，他们发现停车场上有一辆凯迪拉克轿车，车上装满了行李，正是刚才那对夫妇的车子。

在办公室，彼特开始提出一系列的问题。

"这间房子上市有多久了？"

"在别的经纪人名下 6 个月，但今天刚刚转到我的名下。房主现在降价求售。我想应该很快就会成交。"玛丽回答。她看了看陶丝，然后盯着彼特说："很快就会成交。"

这时候，陶丝说："我们喜欢海边的房子。这样，我们就可经常到海边散步了。"

"所以，你们早就想要一个海边的家了！"

"嗯，彼特是股票经纪人，他的工作非常辛苦。我希望他能够多休息休息，这就是我们每年都来佛罗里达的原因。"

"如果你们在这里有一间自己的房子，就更会经常来这里，并且还会更舒服一些。我认为，这样一来，不但对你们的身体有利，你们的生活质量也将会大大提高。"

“我完全同意。”

说完这话，彼特就沉默了，他陷入了思考。玛丽也不说话，她等着彼特开口。

“房主是否坚持他的要价？”

“这房子会很快就卖掉的。”

“你为什么这么肯定？”

“因为这所房子能够眺望海景，并且，它刚刚降价。”

“可是，市场上的房子很多。”

“是很多。我相信你也看了很多。我想你也注意到了，这所房子是很少拥有车库的房子之一。你只要把车开进车库，就等于回到了家。你只要登上楼梯，就可以喝上热腾腾的咖啡。并且，这所房子离几个很好的餐馆很近，走路几分钟就到。”

彼特考虑了一会儿，拿了一支铅笔在纸上写了一个数字，递给玛丽：“这是我愿意支付的价钱，一分钱都不能再多了。不用担心付款的问题，我可以付现金。如果房主愿意接受，我感到很高兴。”

玛丽一看，只比房主的要价少一万美元。

玛丽说：“我需要你拿一万美元作为定金。”

“没问题。我马上给你写一张支票。”

“请你在这里签名。”玛丽把合同递给彼特。

整个交易的完成，从玛丽见到这对夫妇，到签好合约，时间还不到30分钟！

适时地制造紧张气氛，让顾客觉得他的选择绝对是正确的，如果现在不买，以后也就没有机会了。你只要能调动客户，让他产生这样的心理，不怕他不与你签约。

稀缺法则在人们的生活中发挥着非常重要的作用，有时未必是人们的必需品，但制造稀缺效应会倍增事物的价值，优秀的销售员会在客户对于性价比的要求中，制造紧俏的假象，加速客户作决定的频率。这是一种高明的销售技巧，如果运用得当效果相当明显，值得广大销售员借鉴推广。

·第八章·

鼓励客户说出需求

销售人员要想尽办法卖出产品，但是客户若不能满足自己的需求，就不会购买。因此，推介产品前，销售人员必须搞清楚客户的需求。但搞清楚客户需求后也不要马上贸然地提出解决方案，必须先让客户自己对你敞开心扉，明确他的需求。运用这种技巧和策略你可以帮助客户通过深入有效的销售会谈满足自己的需求。

目光也是沟通的手段之一

通常情况下，人的目光也是沟通的手段之一。当我们初次见到一个陌生人，在目光接触的那一刻往往就能决定彼此日后的关系是敌是友，这听来似乎不可思议，却是真实存在的。

不知道你是不是有过这样的经历，在你初次见到一个陌生人的时候，当你们目光相遇的刹那，你就对他产生了好感，而在其他场合，你见到另外一个陌生人的时候，你的内心就会对他产生一种疏远感。因为，目光的运用对言语的说服力有非常大的增强效果！想要传达说服的意念，眼神和言语同样有效！

在你与客户的谈话中，若彼此长时间避开目光，会是相当危险的事，这最起码表明你们的谈话没有任何效果。

《孙子兵法》指导我们，“知己知彼，百战不殆”。在销售过程中，最重要的就是要知道客户真正需要的是什么。如果在了解客户的需求前就开始漫无目的地介绍自己的产品，很可能在还没有讲到客户真正关心的问题时，客户就已经对你感到厌烦，成交当然也就成了不可能的事。当然，有的客户对自己所需要的产品早已有了决定，那么只需要销售人员向客户介绍相应的产品就可以了。然而，有些客户不会明确告知销售人员自己需要什么，这就要靠销售人员主动了，与客户真诚注目，鼓励他们讲出自己的需要，那么接下来的工作就容易了。

一位穿着得体的小姐在一家首饰店的柜台前看了很久。售货员过来问：“小姐，您需要点什么？”

“哦，我只是随便看看。”虽然她的回答缺乏热情，但仍然在仔细观察柜台里的饰品。售货员知道如果继续冷场下去，很有可能会白白失去一笔生意，她突然发现这位小姐的裙子很有特色，就真诚地注视着这位小姐，夸赞道："您的裙子真漂亮啊！"

"哦。"小姐的视线从饰品上移开了。

"这种花色很少见，您是在隔壁的商场买的吗？"这是售货员设计的问题，因为她对隔壁的商场很熟悉，而且知道那家商场根本没有这种裙子。

"当然不是，这是从香港买回来的。"那位小姐终于开口了，并且对自己的回答很是得意。

"是这样啊，我说怎么从来没见到过呢。说真的，您穿着确实很漂亮。"

"您过奖了。"小姐有点不好意思了。

"只是。您可能也注意到了，如果这套裙子再配上一条合适的项链，效果肯定会更棒的！"

"我也是这么想的，只是这么贵，我怕自己选得不合适。"

"没关系，我来帮您参谋一下。"

最后，这位小姐爽快地买下了一条项链。

销售人员如果能够真诚地与客户交流，就能在很短的时间找到合适的话题，鼓励客户说出需求，打开局面，那么就能更好地促成买卖成交。

比如，销售人员可以注视着客户，这样问："您看起来还有不满意的地方，是怎么回事呢？""您的意思是，您还有其他的问题，是吗？能具体说说吗？"类似的话就能够引导客户把自己的需要说出来。然后销售人员就可以根据客户的反馈，找到解决问题的方法。

把热情视为销售事业的灵魂

要想成为一个成功的销售人员，同样需要足够的热情与真诚，不仅是对生活热情、对事业真诚，而且要把这种诚恳与热情传递给你身边的每一个客户，把热情视为销售事业的灵魂，把真诚视为销售成功的支柱。作为一个销售人员，必须抱着一颗真诚的心，诚恳地对待客户。当客户感受到你的真诚与热情，客户才会尊重你，把你当作朋友，我们的事业也必将因此壮大、发达。

环顾我们身边那些推销获得成功的伙伴，无一不是真诚热情地对待客户，永远都让人感受到他的真诚和热情，永远都是那样的热爱自己的销售事业，从而比别的伙伴更早获得成功。

冬日的午后，一位先生走进一家地产中介的门店，看到店外的房源信息牌，他停了下来。房地产经纪人芳芳看到此景便走出店来。

芳芳："先生，天气冷，您进来看吧，店内很暖和。"（借助天气，自然地邀客户进店）

客户："不用了，我只是随便看看。"

芳芳："先生，您要不急的话，就进来坐坐，正好也歇一歇，手上的袋子够沉的吧！咱们慢慢聊，牌子上的那几套房都有实景照片和资料。"（说完拉开门，侧身示意客户进店）（遭遇拒绝，细心观察客户的需求后再次邀请，并用动作表达自己的热情）

客户："好吧。"（客户随着芳芳进店，芳芳忙接过客户手里的袋子，放在办公桌上）

芳芳："先生，我看您挺面熟，您就住在附近吧？"（套近乎，消除客户的陌生感）

客户："是啊，我就住前面那个小区。"

芳芳："是您的房还是租住在这里？"（探问客户需求）

客户："要是自己的就好了。现在是租的，已经住三年了。因为离单位近，还算方便，可也不能总这样啊。再说，孩子都三岁多了，也得为他上学考虑，这不就来看房了……"

案例中，因为房地产经纪人前期的热情、贴心招待，客户放松了心情，很自然地聊起了自己的住房现状，为经纪人接下来的房源推荐、成交等都开了个好头。

热情的销售人员能够带给客户一份愉快的心情，自然，客户也愿意与之谈生意。所以，销售人员的语言要做到恰如其分的热情，让客户有如见到故人一般，让客户在友好的氛围中度过一段美好的购物时光，享受交易的快乐。

与客户交流中，适度的热情是必需的，而过度的热情则会将客户吓跑。

作为一个销售人员，必须抱着一颗热情和真诚的心，诚恳地对待客户。只有这样，别人才会尊重你，把你当作朋友。

乔·吉拉德认为，在销售事业中，热情尤为重要。推销过程中要学会表现你的热情，并用它去感染周围的人，只有这样才能赢得客户的信任和支持，从而获得比别人更多的机会。

在销售生涯中，乔·吉拉德努力做到让每一位客户心甘情愿地到他那儿去买车，即使是一位五年没有见过面的客户，只要踏进乔·吉拉德的办公室，乔·吉拉德都会热情地接待他，让他觉得乔·吉拉德非常挂念他，从来没有忘记他。

对于热情真诚地对待客户这一点，乔·吉拉德说："你知道，真诚是你从书本上读不到的东西，只可意会，不可言传，你得学会自然，人们喜欢诚实的人，一个销售员必须诚实并且处处为客户着想。打个比方，你知道是什么东西造就一家生意兴隆的餐馆的吗？是一传十、十传百的声誉，是那些伟大的餐馆的厨师呈上的爱心和热情。”

乔·吉拉德这样说，也是这样做的。他每卖一辆车，都力争使客户像刚走出一家餐馆时一样感到心满意足。买过他汽车的客户也都这么说，他们认为乔·吉拉德办事认真，待人热情，从而都喜欢从他那里买车。

热情代表着一种积极的精神力量，这种力量不是凝固不变的，而是不稳定的。不同的人，热情程度与表达方式不一样；同一个人，在不同情况下，热情程度与表达方式也不一样。但总的来说，热情是人人具有的，善加利用，可以使之转化为巨大的能量。因为只有满怀热情，才能释放出巨大的潜能。

自然而然地微笑才能打动人心

微笑是用来创造良好形象的最有效的肢体语言。因此，在倾听客户讲话时，销售人员的脸上一定要始终洋溢着微笑，千万不要流露出不耐烦，否则，很容易得罪客户。此外，销售人员还要注意微笑不是那种程式化的、机械化的微笑，而是要做到自然而然，发自肺腑，这样的微笑才能打动人心。

法兰克是一家人寿保险公司的业务员。有一次，法兰克进行横跨美国的巡回演讲。演讲一结束，他就回到家里。他急切地要做两件事：一是继续推销人寿保险；二是向人们讲述自己的感受。

首先，法兰克打电话给费城牛奶公司的总裁。这个总裁以前跟法兰克做过一笔小生意，这次很愿意见到法兰克。法兰克刚在他面前坐下，他就递过一支烟来，说："法兰克，说说你的巡回演讲吧！"

"完全可以，不过我更想知道你的近况。你现在忙什么呢？家人好吧？生意红火吧？"

总裁便和法兰克谈起了生意和家庭。后来说到前一天晚上他与妻子和朋友们玩"红狗"的事，这是纸牌的一种新玩法。此时法兰克虽有意跟他讲自己巡回演讲的事，但听总裁谈"红狗"谈得起劲，他也没有一点不耐烦，而是始终微笑地倾听总裁的滔滔不绝，总裁也被法兰克的微笑感染，很是开心地继续说。

直到法兰克要离开时，总裁说："法兰克，我们公司打算为工厂管理人员投保，你说 28000 美元够不够？"

太棒了！法兰克根本没讲自己，却得到了一份订单，也许是别的销售人员说了半天都没能拿到的订单。

从事推销不要太忙于说话，而是要学会"听话"，做一名好听众是最重要的。销售人员要向客户表示自己对他们所说的内容真正感兴趣，就需要微笑着倾听，这样一来，客户会认定你是一位很好的谈话对象。只要销售人员能真诚地表现出你对客户谈话的尊重，并适时说出一两句肺腑之言，这时彼此的心灵就相通了。

有一次，原一平去拜访一位脾气古怪的客户。“您好，我是原一平，明治保险公司的业务员。”“对不起，我不需要投保。我向来讨厌保险。”“能告诉我为什么吗?”原一平微笑着说。

“讨厌是不需要理由的!”客户十分烦躁地说。

“听说您是这个行业的佼佼者，我真想也能像您一样!”原一平仍旧面带微笑地说。

客户的态度和缓了一些，说：“我向来讨厌保险推销员，可你的笑容让我不忍拒绝与你交谈。不如你介绍一下你的保险吧。”原一平这才明白原来这位客户并不是讨厌保险，而是不喜欢推销员。

在接下来的交谈中，原一平始终面带微笑，并认真倾听客户的要求，甚至连客户也被感染了，当谈到彼此感兴趣的话题时，双方都会大笑起来。最后，那位客户高兴地在保单上签上了他的大名并与原一平握手道别。

原一平依靠自己的笑容，在 30 岁就创下了全日本第一的推销业绩，此后屡创令人惊异的纪录。36 岁那年，他加入美国百万圆桌协会（该协会代表了全球顶尖的少量寿险从业人员）。此后，他协助日本政府设立寿险推销员协会，并被推选为会长。在日本的寿险行业中，没有人能够与原一平相提并论。因此，原一平的笑容也被大家誉为“值百万美金的笑容”。

积极回应是倾听的重要因素

积极回应是倾听的一个重要因素，因为没有人喜欢自己说话时面前是一个没有反应的木偶。只听不回应，既是一种无礼行为，也是破坏交易达成的重要影响因素。其实，销售人员在倾听客户讲话的同时积极做出回应，可以有效地鼓励客户充分表达，进而获得更多信息，并赢得客户的好感。一举三得的好事，何乐而不为呢！

回应客户有两种方式：动作回应和语言回应。在实际操作中，销售人员最好两种方式配合使用，以期达到较好的效果。

1. 动作回应。当客户讲到要点或停顿的间隙，销售人员可用眼神、点头、微笑等方式适当给予回应，让客户感觉到你在听、听懂了以及对他的重视。

2. 语言回应。语言回应主要是指销售人员根据具体情况、客户讲话的内容等，用不同的语言形式给予回应。

有一天，某银行的销售人员约见一家颇有名气的建筑材料公司的经理。双方落座交谈：

“哦，你这次来的目的，是不是又劝我们在你们那里多储蓄些钱？你们这些银行啊！”

“先生，您这家建材公司可真有名。我们知道您每天工作特别繁忙，不好意思还要打扰您，真抱歉。”

“我们虽然是京城较大的、也有些名气的公司，可现在到处都用钱，这个行业的竞争太激烈了，我们也正在挖空心思进行创新、竞争，不论干什么都用钱，哪里还有钱存入银行啊。”

“是啊！您说得真对，没错！现在各项费用合起来，也是一笔很大的数目。”

“嗯，确实，为了在竞争中立于不败之地，我们想尽各种办法调动员工的积极性。市场嘛，就是这样子。”

“看得出，×经理，年轻有为，怪不得名气越来越响，报纸、电台到处宣传呢！”

在谈话中，销售人员还借助他的表情、动作、视线等来表示自己正在认真地听、认真地想，不断鼓励客户继续说，因为只有这样，才能使谈话顺利而有效地进行，最后他们也做成了一笔生意。

当客户说话时，销售人员应积极地给予适当回应，以鼓励客户继续说。但是，倾听时的回应也不可过于频繁，方式夸张也是不妥的。因为这会影响客户说话的思路，进而丧失说话的激情当然，还要避免做出虚假的回应，如客户的话还没讲完或其观点还没充分表达时，你就过早地表示“我知道了”“我明白了”，客户会因此而省略语言，进而影响你对他的真实情况的判断。

无论是动作回应还是语言回应，都应适时、适度、适宜，这样才能达到“让客户多说”的目的。

让客户高兴地说下去

倾听过程中要给客户足够多的倾诉时间，因为这是客户在表达心声，此时如果客户对某些事情表现出过分的关注和炫耀时，那说明此事对他来说是非常重要的。为了迎合客户的这种心理，推销员就应该积极地给予回应，轻声应和，和客户共享这份喜悦，如果一味地追求推销的结果而因此冷落了客户，那么，此时你已经和成交失之交臂了。

销售人员："王经理，您看我们说的那批货就这样定吧，还有什么其他问题吗？"

王经理："基本没问题了。我一会儿要早点儿回家，我的女儿考上重点大学了，录取通知书已经来了，今天我要好好奖励她。"

销售人员："哦。王经理，您看这批货咱们先签合同吧，我们这个月要评绩效的，现在签合同我能超额完成任务，早一点儿拿提成。"

王经理："嗯，这个没问题。我女儿在班里学习很刻苦，这次考了全区第一名。现在的孩子不容易啊，考试以前她每天都睡不好，压力大，弄得我们家长也跟着操心。"

销售人员："哦，是。王经理，您看能不能先付一点儿定金呢？我们小公司拖不起的。"

王经理："我说你是不是就想着你的生意？你压根儿就没听我说。"

销售人员："您说您女儿考上大学了。"

王经理："是以全区第一名的身份考上重点大学了！"

销售人员："对对，第一名，厉害！王经理，您看这是合同，要不我们先签字吧。”

王经理：“噢，我突然想起要去办一件急事，你请回吧，以后再谈。”

销售人员：“那……”

很明显，销售人员没能成功签单。

当客户在谈论一件非常引以为豪的事情时，销售人员切不可无动于衷，而是应该给予适当的赞赏并轻声应和。在与客户谈话时，销售人员的表情或行为应随对方的谈话内容做相应的变化，来传达你的认同，否则客户会认为你忽略他的谈话，进而终止交易或交谈。

杰尔·厄卡夫是美国自然食品公司的推销冠军。这天，他像往常一样将芦荟精的功能、效用告诉客户，但女主人并没有表示出多大的兴趣。厄卡夫立刻闭上嘴巴，开动脑筋，并细心观察。

突然，他看到主人家的阳台上摆着一盆美丽的盆栽，便说：“好漂亮的盆栽啊！真的很难见到。”

“没错，这是一种很罕见的品种，叫嘉德里亚，属于兰花的一种。它真的很美，美在那种优雅的风情。”女主人听到他对自己盆栽的赞美，来了兴致，“这个宝贝很昂贵的，一盆就要花800美元。”

“什么？800美元？我的天哪！每天是不是都要给它浇水呢？”

“是的。每天都要很细心地养育它……”

于是，女主人开始向厄卡夫倾囊相授所有与兰花有关的学问，而他也聚精会神地听着。

最后，这位女主人一边打开钱包，一边说：“就算我的先生也不会听我唠唠叨叨讲这么多，而你却愿意听我说这么久，甚至还能够理解我的这番话，真的太谢谢你了。希望改天你再来听我谈兰花，好吗？”

随后，她爽快地从杰尔·厄卡夫手中接过了芦荟精。

推销员在专心倾听时，可以不时地做些反应性回答，如“噢，是的”“你是对的”“我知道你的观点”“当然”等。这些用词都是你在倾听时偶尔插话的关键词，这样，客户就会觉得你真的在听他的话，而且相当赞同他的看法。另外一些更加具体的反应性回答包括“这一点对你很重要，不是吗?”“我能想象出你当时的感受”“我想多了解一些事件的细节”等。

要向客户表示你已经了解他们的心情，可以对客户说：“我明白你的意思”“很多人这么看”“很高兴你能提出这个问题”“我明白了你为什么这么说”，等等。

总之，销售人员应适时地根据话题附和对方，使谈话顺利进行。如果销售人员对客户的某些观点实在难以苟同，也实在不愿违心地说附和的话，那么就认真地听下去好了，最好是适时地配合对方的谈话内容、语气并轻声应和，让客户高兴地说下去。

借由身体的动作表情达意

能够解读肢体语言，等于为彼此开辟了一条直接沟通、畅通无阻的大道。

肢体语言是指由身体的各种动作代替语言，以达到表情达意的沟通目的。销售人员在销售中，要以敏锐的洞察力从客户的肢体语言中读懂客户的想法，以此达到知己知彼的效果。

人们只有在谈话十分投机的情况下，才会在姿势上产生协调。而如果两个人都觉得场面十分扫兴无趣，彼此的动作也就会呈现出互相不协调的画面。所以在从事销售工作时，通过对姿势的观察，可以明显分辨出客户中的赞成与反对者、兴趣浓厚与索然者。

下面是客户发出的积极的肢体语言信号。

双手自然地放在桌子上，或者手势自然、友好，双脚突然不再交叉，手臂也不再交叉放在胸前，其他动作也轻松自然，表现出当事人的观念已经在改变。

拍一拍你的手臂、肩膀或背部，这样的动作表现出对你的友好、关心或同情的姿态。但是，需要注意的是，触摸行为表达出一种强烈的情绪，而且如果这种行为发生在男女之间，反而会给人以一种不真诚或胁迫的感觉，从而使人难以接受甚至感到厌恶。

身体坐得靠近一点。这看起来好像是一种彼此之间关系比较密切的信号。

讨论期间，解开外套的扣子或者脱下外套，或直接卷起袖子。可能表示愿意接受他人的看法与建议。

客户坐在椅子的边缘，上身微微前倾，表现出一副渴望仔细倾听销售人员所讲的每一个字的样子，而其两腿却在桌椅下自然下垂，只用脚尖点地，这种姿势通常表现出客户已经准备签订购买合同或愿意同销售人员合作等信号。

如果客户专注地观看商品展示或商品示范，这将是一个好兆头，表示客户对销售人员和谈话内容有浓厚的兴趣。

头微微倾斜，这种姿势通常表示完全接受谈话的内容。

销售人员通过仔细观察客户的行为举止就可以发现客户的心理状态。

销售人员所谈内容如能引起客户的购买兴趣，或者真正解答了客户的疑惑与需求时，客户会发出真正有兴趣购买的积极的肢体语言信号。

人的肢体语言有时比口头语言更丰富，有些人能在口头语言中掩饰自己的看法，却无法在肢体语言中掩藏自己的想法。销售人员在从事销售工作时，要多从客户的肢体语言中察觉出隐藏的心理，以便由此过程中把握主动权。

·第九章·

做一个用心的倾听者

沟通的目的是相互理解，如果两个人在一起沟通交流，却各顾各的，各说各的，谁也理解不了谁的话，那么这种沟通是无效的沟通。当别人在诉说的时候，请你静静地倾听，不要打断别人，用心去理解对方，站在对方的角度去思考问题，理解他们的思维模式和感受。

耳朵往往比眼睛更可靠

永远是“耳听为虚，眼见为实”吗？不，答案是否定的。作为一个销售人员，我们虽然相信自己的眼睛，但是我们更相信自己耳朵听到的东西！

一个真正的倾听者，不仅要懂得用耳朵倾听，而且要用心听。在面对一个人、一件事物的时候，千万不要被眼前的假象所迷惑，不要让自己眼前所见的东西占据自己的内心，而是要用自己的心去倾听。在倾听的过程中，要做到眼到、耳到、心到。用心去听，让自己的耳朵打开客户的内心之门，这样，我们才能够在销售中立于不败之地。

果果和莉莉是一个村的，同时也是从小玩到大的好朋友，高中毕业后，同时应聘到省会一家大商场珠宝专柜当实习营业员。经理告诉她们：“你们俩长得都十分漂亮，而且冰雪聪明，都很适合做珠宝销售工作，但我们只需要一名销售人员，给你们一个月的时间，谁的营业额高，谁留下。”作为一名实习员工，她们俩都想用自己的实力证明自己，得到这份不错的工作。

一个星期过去了，果果的口才好，能说会道，会说一些客户喜欢听的话，而且她懂得随衣挑人，专挑那些穿着比较高档的客户。她的努力没有白费，营业额是 3 万元；而莉莉不像果果那样见到客户就滔滔不绝，也不会挑客人，她喜欢微笑着静静地倾听客户说话，她的营业额只有区区 1 万。

两个星期过去了，果果的营业额是 5 万元，莉莉的营业额是 2 万元。

三个星期过去了，果果的营业额是 8 万元，莉莉的营业额是 3

万元。

转眼之间，一个月的时间结束了。还有半个小时就要下班了。而此时果果和莉莉的营业额相差悬殊。果果心中暗喜，自己马上就要获得这份工作了。虽然她心里为自己高兴，同时也为莉莉感到惋惜，觉得莉莉的嘴太笨了，不会说话，也不会挑人，要是她能有自己的能力，也就不会输了。

果果正在窃喜之时，一个衣着普通、头发花白的老者向她走来。果果凭借自己的经验，从衣着来看，这个客户是个没钱的主。不过她并没有因为来者的身份而感到失望，反而很热情地向他销售一些比较低档的珠宝。果果滔滔不绝地给老者介绍那些廉价的钻石，不给老者说话的机会。果果想凭借自己的经验做成这单生意。

老者没有说话，只是静静地听果果介绍。果果看老者没有买的意思，激情立即消失殆尽："先生，要买赶快买，我们快下班了。"老者没说话，而是静静地来到了莉莉所在的柜台。

"先生，请慢慢看，喜欢了我可以帮您拿出来看看。"莉莉仍然是这种处事风格，给客户充分的时间看。

"我想看看钻戒。"老者说。

"请随我来这边，钻戒在这边，您慢慢看。"莉莉将老者带到钻戒专柜。"您买钻戒是想送给您的亲人吧？"莉莉微笑着问了一句。

"嗯，送给我老伴。年轻的时候没有钱送给她。明天是她 60 岁生日，想给她补回来。小姑娘，你看哪一款适合呢？你给我推荐一下，我要最好的。"老者边看边笑着说。

"那就要一款经典的吧，既代表您的心意，也具有纪念意义。您说呢？"莉莉拿出了一款经典的钻戒。"您看这款您满意吗？三颗钻石镶嵌在心形的白金戒托上。很别致，很有纪念价值。"

"不错。我就要这款。"老者很满意，"我想我老伴也会喜欢的。"老者说着就拿出自己的银联卡。

这款钻戒的价钱是5.1万元。最后莉莉的营业额是8.1万元……

莉莉就这样笑到了最后，她不是靠自己的口才，也没有靠什么心计，而是坦诚地去对待客户，用一颗心对待每一位客户，用心去倾听客户的需求。她没有盲信自己的眼睛，而是用自己的倾听扭转了战局。一颗倾听的心能够带给我们更多的惊喜。

我们的倾听，不但给了客户好的印象，而且在和客户的交流之中让客户找到了“归属感”。有了你耐心真诚的倾听，客户就不会把自己的内心掩饰起来，而是把自己内心真实的想法告诉你。这个时候，我们也就不必再像“算命先生”那样，去算客户的“生辰八字”了。

很多成功的销售人员不是靠自己的处心积虑来获得客户的需求的，而是靠倾听让客户“送上门来”。客户内心的需求，会在你耐心倾听的过程中逐渐浮出水面，毫无保留地呈现在你的面前。这样，你就可以在对客户的需求了如指掌的情况下有的放矢，自然也就轻松地成交！

当你面对一个个形形色色、穿着各异的客户时，千万不要以着装来判断客户的层次，这样会丢掉很多能够成交的客户。从现在开始放弃“耳听为虚，眼见为实”的误区，在客户面前，要更相信自己的耳朵，在耐心倾听的过程中，不要再犯偏激的错误。相信自己用耳朵听到的往往比用眼睛看到的东西更可靠、更真实！

善于听出客户的暗示

“锣鼓听声，说话听音。”人们说“此话”可能蕴含“彼意”，需要听者仔细联想、分析、揣摩才能了解其真正意图。同样，在销售面谈时，销售人员也要善于听出客户的暗示。

彭帅是某建材公司的销售人员，主要负责销售装修材料。最近，一个朋友给他介绍了一个大客户，据说该客户的办公大楼要内外装修，这可是不小的单子啊！

经过几次接触，彭帅了解到对方确实有装修需求，对自己的产品也没提什么异议。可是，彭帅几次试探客户的合作意向都没有成功，客户总是不冷不热地回应。“怎么办？这么大的订单可不能丢了啊！”彭帅心里着急，于是，再次拜访了该客户。

双方见面后，客户依然显得没什么热情。彭帅赶忙上前与客户寒暄起来。

“今天天气可真不错，您下班去运动吗？”

“运动，我哪有那时间啊！还得回去帮儿子整理邮票呢，这小家伙最近喜欢上了集邮，可折腾死我了。”

说者无心，听者有意。当天回到家里，彭帅就将自己小时候集邮的邮票拿出几套，第二天晚上，将邮票送到了客户儿子的手上，还和他交流了很多集邮知识和经验。客户看在眼里，喜上眉梢，第二天就约彭帅到自己公司，双方详细沟通了有关事宜，并签下了装修建材购买协议。

案例中，销售人员彭帅抓住了“客户无意中透露出的帮助儿子整理邮票”这一细节，赢得了客户的欢心，也获得了客户的订单。

有时候，一句话就有四两拨千斤的威力，一件小礼物就可以让举步维艰的局面云开雾散。销售中，客户通过语言的暗示以及某些关键细节，可能会表达一些特殊情况、真正需求等，而这些内容往往会对成交起很大作用。如果销售人员能够听出这话语背后的潜台词，并采用相应的策略应对，则对成单大有裨益。

在此提醒：销售人员倾听时，要注意分析客户话语之外的真实想法，要善于洞察客户的难言之隐；认真听，别将客户不经意间说出的内容当作垃圾信息过滤掉，说不定这些内容就是你达成交易的金钥匙。

听话听音，听出客户话语背后的潜台词，你才能真正把话说到客户心里，把事情做到位，也才能真正掌控销售局面。

读懂话中话，抓住最佳成交时机

所谓的最佳成交时机就是客户购买欲望最强的时候，要发现这一时机，销售人员首先应该仔细观察客户在购买过程中的表现，从客户的一言一行中判断购买信号。

通过客户的语言判断出他是否真的想买你的产品。如果客户想要购买你的产品，就会在语言上有所表示。如果客户问："还能再便宜一些吗？"就说明他对你的产品已经产生了兴趣。客户还会表示肯定，"是的，你说得很对。""我们确实很需要这种产品。"客户会请教使用方法，如"这个用起来方便吗？""这东西看起来确实不错，但是我不知道怎么使用。"他们也会提问购买细节，如"你们送货一般几天能到？"他们还会询问售后细节，如你们产品的保修期有多久？""在保修期内是免费上门维修吗？"销售人员只有具备敏锐的洞察力和分析能力，才能破解客户的潜在语言，读懂话中话，从客户那里得到重要信息，从而抓住最佳成交时机。

小李是一家化妆品店的销售人员。这天，一位中年女性走进店来，转了几个来回后停在防晒用品柜台前，小李看到后马上迎了上去。

小李："您好，太太。您来选购防晒品吗？"

客户："对，想看看有没有适合我用的，防晒效果比较好的产品。"

小李："您来看看这套产品吧。这款防晒套装是特别针对中年女性研制的，不仅具有很好的防晒效果，还能够抗肌肤老化，您用再合适不过了。"

客户："这种套装防晒效果好吗？"

小李："非常好，这套产品包括一支高倍数防晒乳液，一瓶低倍数防晒霜，一支防晒喷雾，一支晒后修复啫喱，还有一个防晒粉底，只要您拥有这样一套防晒护肤品，就不用再担心受到阳光侵害了。”

客户：“夏天我也不经常出门，还是给我拿个单品吧！”

小李：“您是不是担心今年夏天用不完？”

客户：“对啊，用不完不就等于浪费了吗？”

小李：“其实没关系，因为我们一年四季都是要防晒的，现在夏天您可以使用套装里的高倍数防晒乳液，搭配防晒喷雾，秋天时您就可以使用其中的低倍防晒霜搭配防晒啫喱，防晒粉底您什么时候都可以用，时刻抵挡紫外线，而且这一套的价格要比单买便宜得多，仅售 299 元，非常超值，你觉得呢？”

客户：“也是，说得有道理。”

最终客户购买了小李推荐的防晒套装，并表示用完后还会考虑来这里购买。

销售既是一个考察销售人员口才的过程，也是一个考察销售人员观察能力的过程，语言表达和观察力二者相辅相成，都很重要。特别是在销售工作进入成熟阶段时，更要注意观察客户的反应，认真解析客户的各种语言，以抓住最佳成交机会，实现高效成交。在谈判过程中，语言是客户流露内心购买意向最直接的方式。除了对客户行为及表情要仔细观察外，销售人员还要特别注意倾听客户语言，并做出认真分析，准确及时地识别语言中的内在含义，判断购买信号，寻找成交时机。

全心全意地去了解客户

在销售中，每一位销售人员都必须把自己当成一块海绵，海绵能吐能吸的特质正是我们追求的终极目标。在需要忘却自我的时候，我们可以将自己拧得一滴不剩，取而代之的是客户的有用信息和意见。对此，专注地倾听客户的心声非常重要，它既有助于我们完成任务，更不会让我们迷失。

有一位销售大师给台下几千名崇拜他的学生上课。

这次的课题是：倾听者像什么。

在上这次课之前，销售大师给各位同学布置了一道作业题：用你认为最贴切的物体形容倾听者。

在课堂上，销售大师先提问了这个问题，有的说，倾听者像复读机，要不断重复客户的话；有的说，倾听者像棵大树，要静静地聆听；有的说，倾听者像只小猫，要温顺听话……所有学员各抒己见，每一个人的说法听起来都十分有道理。

销售大师听完学员们的回答，没有发表任何意见。他向后台的助手示意了一下。一位助手拿了一大块海绵，紧接着又端了两小盆水上来。销售大师看了看台下，问道："同学们，我们如何让一块轻轻的海绵变得厚重而有内涵呢？"

台下的学员们一个个面面相觑，不知道大师的葫芦里卖的是什么药。

大师微笑着走到两盆水前面，拿起干海绵放到了一盆水里，海绵瞬间将盆里的水吸干了。大师拿起吸满水的海绵，接着问："如何让这块吸满水的海绵把另外一个盆里的水给吸完呢？"学员们无计可施，他们认为，海绵已经吸满了水，不可能再吸水了。

大师看出了学员的疑惑，他用手把海绵里的水拧干，然后再将海绵放进另一个盛满水的盆里，盆里的水瞬间被吸完了。这时，所有的学员才恍然大悟。

销售人员需要做客户最忠实的倾听者。在与客户的沟通中，需要做到暂时忘却自我，用一颗真诚、纯净的心来倾听客户内心最真实的想法，认真听，全心全意地听。

在与客户沟通的时候，你要把客户当成美味可口的“晚餐”，当成你真心相爱的“恋人”，当成你活泼可爱的小女儿。只有把自己的注意力完全放在客户的身上，全心全意地倾听客户讲话，你才能从客户身上获得最多的信息。如果你没有做到全身心地聆听，你听到的也只能是毫无意义的只言片语，那些对你最有价值的信息，很可能因为你的不专注而错过。举例说，如果某个教师看到有学生在课堂上神游，就会问他：“我讲了些什么?”这个学生可能会复述一些教师讲的东西，却不能真正地理解老师讲的意思。

每一个人的大脑都是装满东西的海绵，装着太多世间尘事。在和客户沟通的时候，要想做到全神贯注，不受尘事的干扰，唯一的办法就是在倾听的时候做到暂时的忘我，像挤海绵那样，把大脑中所有的信息挤出来，心无旁骛地听客户说话，把客户说过的每一句话都存到你的大脑中。当一项任务完成，你的大脑需要吸收更新的东西，这时候，你就可以把这个客户所说的信息全部挤出来，让自己再吸收更新的信息。无论何时，都要让自己的大脑保持百分之百的储存量，而不会残留任何和工作无关的杂质信息。无论你倾听了多少个客户的倾诉，你仍然是你，销售却成功了……

要知道，一个人的大脑不可能装太多东西，每一个销售人员都必须让自己做一个可以随时挤干的海绵。在需要抛开自己杂念的时候，你能够做到全身心地投入到销售中去，能做到将脑海里的自我挤干挤净，让自己的大脑最大限度地接收客户的信息，全心全意地去了解客户，感知客户。

听明白客户的话外之音

作为销售人员，我们在与客户交流时，一定要留意倾听对方说的每一句话。因为有些时候，客户看似不痛不痒的话，很可能会在无意间透露出一些利于销售的信息。一些看上去无足轻重的话，往往可能会隐藏着商机。

布雷斯是一位非常有抱负的企业家，他独自创办了一本很了不起的《黑人》杂志。在开始创办杂志时，他总是捧着自己的杂志亲自去销售，亲自去寻找客户。那些态度强硬的客户，最后总会因为各种不同的原因而和布雷斯达成合作关系。那么，他是怎样搞定那些客户的呢？只因为他有一个特殊的本领，即他总能通过客户的三言两语来获悉客户的想法。

有一次，布雷斯突发奇想，想把约翰森无线电公司做成自己的广告客户。于是，他立刻找到该公司总裁尼古拉斯的电话，并打了过去："您好，尼古拉斯先生，我是《黑人》杂志的布雷斯。我希望可以和您面谈，讨论一下贵公司的广告问题。"

尼古拉斯冷冰冰地说："抱歉，我没时间见你。我没兴趣跟人谈广告，何况我也不主管广告。"随即尼古拉斯就挂断了电话。

布雷斯并没有就此放弃，他想："不管广告？堂堂一个公司总裁，难道有什么是他管不了的吗？怎么样才能让他感兴趣呢？"

经过一番调查，布雷斯获知该公司所有大政策都由尼古拉斯决定，包括广告政策。可见，自己并没有找错方向。于是，布雷斯又给尼古拉斯打了一通电话，询问自己能否去拜访他，一起聊聊约翰森公司广告宣传的政策。

尼古拉斯无奈地笑了笑，对布雷斯说："我很欣赏你的坚持不懈。我可以见你，但事先声明，一旦你提及那些让我们公司在你杂志上登广告的事，我们的谈话就立刻结束。唉，与其跟你谈无趣的广告，还不如去看汉森的访谈呢！”

布雷斯想：“不能谈广告，那谈点什么呢？汉森的访谈又是怎么回事？”布雷斯把尼古拉斯的每句话都分析了一遍，然后决定再更深入、全方位地调查一下他。布雷斯细心察看了尼古拉斯的所有相关资料。他发现尼古拉斯是一个探险爱好者，还曾独自去过北极，而这一举动完全是步汉森的后尘。汉森是一位著名的黑人探险家，出过好几本自传体历险书籍，他曾经到达过北极。

当知道了尼古拉斯对汉森的喜爱后，布雷斯一下子变得胸有成竹。他派自己的一个追星族手下去找到汉森，请其在刚出版的一本探险集上签了名，然后把当月《黑人》杂志里的一篇随笔撤了下来，换上了一篇介绍汉森的文章。

见面那天，布雷斯拿着签名书和新出的《黑人》杂志走进了尼古拉斯的办公室。进入办公室，跟尼古拉斯打完招呼后，布雷斯径直走向书柜边，指着上面的一双靴子说：“尼古拉斯先生，这双靴子可真漂亮呀！”其实他早已经提前打探到，这双靴子是汉森赠送的。

尼古拉斯看着那双靴子，激动地说：“嗯，这双雪地靴可是汉森送给我的！他有一本很棒的探险集，你看过没有？”

布雷斯笑着说：“呵呵，正巧看过。看，我这儿就有一本，上面还有汉森专门为您签的名。给！”于是，布雷斯把书递给了激动万分的尼古拉斯。

尼古拉斯一边翻看一边说着：“像汉森这样著名的黑人探险家，你们就应该在杂志上多介绍介绍嘛。”

“的确，您的想法跟我的是一样的！这是我们的最新一期。”布雷斯又把新出的刊登有介绍汉森文章的《黑人》杂志递给了尼古拉斯。

看了那篇介绍汉森的文章后，尼古拉斯变得更加高兴，他兴奋地说："你们杂志的风格还真是不错嘛！我非常喜欢。"

布雷斯充满憧憬地说："我创办这本杂志的目的，就是想要介绍一些像汉森那样的勇于克服一切艰难险阻、努力拼搏、赢取胜利的人。这样的人，值得人们尊敬！"

听完这些话，尼古拉斯笑着对布雷斯说道："你知道吗？我现在实在想不出什么理由去拒绝在你们这本杂志上刊登我们公司的广告！"

布雷斯为什么能够拿下尼古拉斯这样一个"难啃的大客户"的广告订单呢？因为，他从尼古拉斯那毫不客气的话里找到了机会，从而投其所好！

所以说，无论什么时候，都要认真倾听客户所说的每一句话，因为从中你可以获知客户在想什么，忌讳什么，逃避什么，容易被什么打动，等等。总之，任何你想得到的、想不到的都会从那些话里显露出来，而你只需要认真去听，听明白客户的话外之音，然后按照客户说的去做，那样你才有可能取得成功。

找出客户弱点，牵着客户的“鼻子”走

很多人认为销售人员在销售的过程中是被动的。这种想法是错误的。只要你能用心地倾听客户说的每一句话，并善于思索，就可以从中找出客户的弱点，进而抓住客户的“鼻子”，牵着客户走，这个时候，你就可以在销售的过程中变被动为主动，让客户不得不按照你的思路行事。在和客户交谈的时候，找到客户的“鼻子”，并牢牢地抓住，到时候，他不想跟着你走都不可能，这就是成功销售的制胜法宝。

电信局的老处长退休了，换了一位新处长。一家电信公司的几位销售代表多次拜访，想和该局继续进行合作，但都没有成功。原因是这位新处长想要进行革新，彻底摆脱前任留给他的任何东西。

在众人都一筹莫展的时候，新来的业务员刘盼说让他去试试。出人意料的是，刘盼见过那位处长后的第三天，那位处长就主动打来电话和该电信公司继续合作。

很多同事都去和这位处长谈过，都被他拒绝了，只有这个新来公司的刘盼甚得电信局新处长的青睐，所有的同事都很好奇，问刘盼到底是用什么方法迷住那位处长的。刘盼说：“我并没有什么过人之处，我只是用了一种最笨的方法，先听他说，然后在听他说话的过程中，找到了一个牵着他‘牛鼻子’的方法，让他跟着我走。”

原来，刘盼没有像其他业务员那样，一味地说服该处长使用自己公司的产品。而是先介绍了自己公司的产品在电信局的使用情况，并询问处长对自己公司的产品和服务有什么新要求。局长对公司给予了很高的评价，不过这显然是一些不实际的客套话。

刘盼接着问处长能不能在未来电信网络建设上提些宝贵意见。

这位处长在网络建设方面有自己新颖独到的计划和想法，在交谈的过程中，处长提出了要用更高端的纳米交换机代替现在的低端交换机。刘盼问处长打算多久实现这个计划，处长说大概需要两年完成。刘盼接着问处长认为哪个牌子的纳米交换机比较合适呢？局长说了一个信誉和知名度都很好的牌子。

刘盼在这个时候话锋一转，极尽言辞赞美处长的新计划高瞻远瞩，是划时代的，是造福后代的，不但改变了我们城市的电信现状，还为未来的电信发展开辟了一条新的道路。处长很高兴，认为遇到了知己，更是将自己的新计划和盘托出。刘盼耐心倾听，并把所有的谈话内容都一一做了笔录。

回到家里，刘盼立即上网搜索处长说的那家纳米交换机厂的情况，连夜写了份报告，第二天交到了公司老总的办公桌上。公司凭借自己的实力，用两天的时间就争取到了该纳米交换机在该市的独家代理权。

没有办法，处长要想实现自己的计划，只能还和该公司合作。刘盼在倾听与了解中，获得关键信息，使公司通过运作独家代理权的方式，抓住了处长的“牛鼻子”，使得对方打电话给公司要求续约，成功地达到了自己的目的。

任何事情都存在主要矛盾和次要矛盾，同样，在客户的需求上，也有主要和次要之分。当你在与客户打交道的时候，如果能够发现并抓住客户内心最主要的需求，然后再把这些需求和你自己销售的产品结合起来，这样一来，销售成功也就是水到渠成、顺理成章的事情！

但是客户的“鼻子”并不是那么好抓的，他们往往和老牛一样倔强任性。

如果你做不到耐心有效地倾听，就很难发现客户的牛鼻子。这就需要你认真地倾听、用心思索，用各种方法引诱客户将自己隐形的“鼻子”露出来。

用心倾听谈话，筛选有效信息

很多销售人员在销售过程中总是抱怨客户对自己的产品没有兴趣、对自己要求过于苛刻，抱怨自己在销售的过程中无从下手，处处失败。其实，只要你用心倾听客户的话，并从这些话中筛选出有效信息，自动过滤掉杂质，你就会在销售的过程中处于有利的地位。

单单是客户话语中蕴含的无尽的意思，就值得我们倾听，倾听他们内心的种种需求和欲望；倾听他们对你的态度和意见；倾听他们对你的商品的意见和建议；倾听他们未来的购买意向……只要你能从中听取到有效的信息，你离成功也就不远了。

美国谈判学家卡洛斯说：“如果你想给对方一个对你丝毫无损的让步，这很容易做到，你只要注意倾听他说话就成了，倾听是一种你能做得最省钱的让步。”

在和客户沟通的时候，不少销售人员总是把自己扮演成强势的“攻击者”，而客户就是他们即将到口的“猎物”，为了达到销售产品的目的，总是试图用各种方式来说服客户买他们的东西。你目标明确值得赞美，你能言善辩也是值得学习的，但是在销售的过程中，你却忘记了销售者最基本的能力：倾听。在与客户沟通的时候，不要试图和客户抢着说话，而要用心倾听客户表达的意思，这看似是你对强势客户的一种让步，使自己处于了不利的被动地位，但是恰恰是这种“欲擒故纵”的方法，让你更紧地抓住了客户。

如果说听客户说话是对客户的一种妥协和让步，那这种让步就是一种最省钱、最不赔本的让步，这种以退为进的方法甚至会让你赚到更多。

薛斌是一家机床设备的代理商。有一天早晨，他接到了客户刘先生的电话，告诉他自己的工厂急需两台设备，需要他来厂里报价，越快越好。薛斌放下手中的电话，就开始准备谈判所需要的合同和资料，一个小时之后，薛斌就赶到了刘先生的工厂。刘先生对薛斌这种守时的精神很赞赏，然后就开始谈判购买设备的事情。经过一个半小时的谈判，刘先生对薛斌的产品相当满意，但是在价格上和他发生了争议。刘先生是薛斌的老客户，所以在最初谈价格的时候他就已经把价格压到最低：一台设备是 230 万元，两台自然就是 460 万元，设备安装之后一周内付款。刘先生给的价钱是 430 万元，货到一周之后付清。但是 460 万已经是最低价了，如果按照刘先生说的 430 万元，不但自己赚不到钱，而且还要向里面倒贴 10 万元。

这个时候，刘先生开始犹豫起来，有些不好意思地说："薛先生，你看这样可以吗？我先要一台，剩下的过一段时间再说。"

眼看马上到手的生意要出意外，薛斌的心里有些不高兴，但是又不好意思表现出来，于是就有一搭无一搭地和刘先生聊了起来。聊着聊着，就聊到厂子最近发展的事情，刘先生相当感慨地说："自己创业真不容易呀，我辛辛苦苦地打拼了四五年，挣的钱又全投了进去。这不，工厂的规模在逐渐扩大，需要的投入也多了起来，我本来准备引进 4 台设备，现在因为资金的周转问题，也只能先引进一台设备。如果现在谁能够借我 500 万元，周转两个月的时间，我就太感激他了！"

薛斌突然想到了公司有一条规定：对于公司的老客户，设备汇款的时间可以延后两个月。薛斌灵机一动，接着客户的话颇有感触地说："是呀，自己创业确实不容易，公司里的事情，样样都需要你亲自打理。如果你真的是因为资金周转的问题影响了公司的发展，那真是划不来的事情。刘总，你看这样如何，设备你先用着，汇款的事情，我向公司申请一下，尽量给你延缓两个月的时间。"

刘先生听到薛斌的提议后兴奋不已，对薛斌非常感激。第二天薛斌就派人把设备送到了刘先生的工厂。两个月之后，刘先生准时地把 460 万元汇到了薛斌公司的账户，并且给薛斌打电话说：“真的感谢你的帮助，让我度过了资金周转的困难期。最近我还需要增加两台设备，这次全是现款。”

可以说，薛斌能够拿到这样一笔订单，所有的功劳都在他能在客户的话语中提取有效信息。否则他不可能在短短两个月的时间内卖出 4 台设备。

客户的一句话，可能就是一个商机，提取到有效信息，就等于抓住了商机。

·第十章·

你的业绩跟耳朵有关

做一个主动的倾听者。行动胜过言语，主动倾听对方的讲话，事实上就是用一种无声的语言表达了你对他人的尊重。做一个好聆听着，我们不仅会赢得客户的赞美，更重要的是赢得客户的心。在销售的过程中，许多人无法留下良好的印象都是从不会或不愿倾听开始的。因此，在日常工作中练好“耐心倾听”这个基本功吧。请牢记，你的业绩跟耳朵有关。

专心倾听是一种尊重

当你聚精会神地听客户说话的时候，客户会有一种被尊重的感觉，从而能够拉近你们之间的距离。人们往往对自己的事更感兴趣，对自己的问题更关注，更喜欢自我表现。一旦有人专心倾听时，说话的人就会感觉自己被尊重。戴尔·卡耐基曾说："专心听别人讲话的态度，是我们所能给予别人的最大赞美。对朋友、亲人、上司、下属，倾听具有同样的功效。倾听他人谈话的好处之一是别人将以热情和感激来回报你的真诚。"

做汽车销售工作的小齐就有过因为没有用心倾听而丢失客户的真实经历。一天上午，店里冷冷清清，这时有一个穿着讲究的中年男人来这里看车，小齐热情地向这位客户推荐了一款最新的车。那人对车相当满意，看完之后，就爽快地交了 2 万元的定金，并决定下午提车，但是 10 分钟之后，却突然变卦了，告诉小齐，他决定不买车了！

小齐为此事懊恼不已，百思不得其解。他怎么也想不通，自己到底错在了哪里，到了晚上 11 点，他仍在想这件事情。实在忍不住，小齐就拨通了那个客户的电话："先生，您好！我是××汽车 4S 店的小齐，今天下午我为您服务过，曾经向您介绍一部新车，眼看您就要买下，却为什么突然走了呢？"

"喂，有没有搞错啊，你知道现在是几点吗？这么晚了打来电话！"

"非常抱歉，我知道现在已经是晚上 11 点钟了，但是我检讨了一整天，实在想不出自己错在哪里了，因此特地打电话向您讨教。"

"真的吗？其实原因在于今天下午你根本没有用心听我说话。就在签字之前，我提到车的磨合期、车的耗油量、车的保修期，以及车辆在山路行驶性能等问题，你却毫无反应，你给我的感觉是你极其不尊重我，让我的自尊心受到了伤害。”

小齐不记得对方说过这些事，因为他当时根本没有注意倾听这些。小齐当时认为这笔生意显然已经是煮熟的鸭子了，他便无心倾听对方在说什么，而是留意起旁边的另一位美女销售人员。

这就是小齐失败的原因：客户既然买车，就需要对车有一个全面了解。由于小齐没有注意倾听客户的这些问题，失去了客户对自己的信任和好感，最终失去了一次成交的机会。

我们在见到客户的第一眼时，向客户销售自己的产品是对的。但我们要有耐心，要先聆听客户的需求，再对症下药。其实，销售人员应该从客户的角度出发，专注倾听客户的需求，让客户充分表达他的意见和见解，并适时地向客户确认你的理解是不是和他想表达的一致，不要用自己的观点来胡乱地判断或猜测客户的想法。

在还没有听完客户的想法之前，千万不要和客户讨论或争辩一些细节的问题，应当尽可能听完客户的陈述并洞悉客户的真正想法，很多时候，你的客户不买账，就是因为你不知道他想要什么。

一个阳光明媚的上午，一个小伙子走进了一家花店，小伙子外表看起来很精神，但表情显得有些凝重。营业员小姑娘热情地迎了上来：

“先生，您好，和女朋友吵架了吧，难免的，恋人嘛。送她几朵玫瑰吧，您看，今天的玫瑰花才从昆明空运过来，开得多漂亮。”

小伙子面无表情，刚想张口，小姑娘又接着说：

“先生，玫瑰代表爱情，送给女朋友，向她道歉，非常合适。一朵代表忠贞，三朵代表我爱你……”小姑娘一直说着，可小伙子听了她的介绍就是不说话。小姑娘好像明白了什么，马上改口道：

“先生，我们店现在搞活动，如果您现在购买的话，可以给您打八折。如果消费满一百的话，可以免费送您一个花篮……”小伙子还是不说话。

“哦，您觉得送玫瑰花不合适，是吗？”

“嗯，是的。”小伙子开口了。

“那送康乃馨吧。代表深深的歉意。您看，我们的康乃馨也是刚刚空运来的，上面还有露珠。多美啊！先生，您想要几朵呢？九朵吧？好兆头，您女朋友见了一定会非常高兴的。”

小伙子的脸色变得苍白起来。小姑娘看了心里很是奇怪，以为自己介绍错了，想及时更正。

“那就送百合吧，百合也很合适啊……”

小姑娘依旧十分热情地介绍着，可小伙子就是不说自己想要买什么花。小姑娘急了，有些不耐烦地说：

“您到底想要什么啊？”

“今天是我妈妈的忌日……”小伙子说完转身离开了花店。

小姑娘就这样失败了，她没有败在自己的话语或是销售技巧上，而是在没有了解客户的真正意图之前，就妄下论断，向客户盲目地销售自己的商品。客户进了你的店，接受了你的服务，证明他现在有求于你，如果我们没有及时把握客户的心理需求，只能是竹篮打水一场空。

医生在给病人看病之前，总要询问病人一些问题，以确定病因，然后对症下药。询问同样适用于销售人员，销售人员如果不询问客户相关问题，就不能发现客户的真正需求。与询问同样重要的是倾听，在沟通中把这两个重要的方面紧密结合起来，就能更接近客户的内心，从而探知客户的需求。

很多时候，客户不买账，不是因为他不需要，而是我们没有弄清楚他真正需要什么。每个客户在进入一个店的时候，他进去的行为只是表面需要，而他内心的购买期望是他的潜在需要。客户的潜在需要才是他的燃眉之急，如果客户购买期望不浓厚或不强烈，他是不会掏钱购买的。所以，我们只有真正了解客户的需求，才会达到最终的销售胜利。

你不是出售观点的演讲家

对于一名销售人员而言，客户的话语是一张通往藏宝之地的藏宝图，只要你读懂了，并按照它的方向走下去，你就会找到那个取之不尽、用之不竭的藏宝之地。

客户的话语可以向我们传达很多信息，可以给我们很多帮助。它就像是游戏中的金币，谁获得的越多，谁获得的奖励也就越多。只有愚蠢的销售者才会让客户的话语从自己的耳边白白溜走，聪明的销售者是不会放过客户话语中蕴含的每一处关键点的。

一位朋友最近新买了一辆黄色的别克轿车。我开玩笑说："发财了，这么大气，肯花那么多钱买辆车。"

朋友没有接过我的话茬，而是说："你还别说，我这车买得就是很大气，比市场价高了 3000 元。"

我很惊讶，立即追问："你傻啊？为什么？"

接着，朋友告诉了我她买这部车的全过程：

买车那天是她的生日，她老公说给她买辆车做生日礼物。她在老公还没有下班之前，就自己先到车店看了。她来到第一家车店，店员很热情，滔滔不绝地给她讲解不同车的型号和特点，以及各种优惠活动。她心里非常烦躁，因为店员根本不顾她的想法，就跟她夸夸其谈起来。根本不给她说话的机会，每当她想表达自己观点的时候，都被销售人员口若悬河地打断。

她又进入第二家店，店员同样很热情。但是这位店员很奇怪，在跟她打完招呼后，就静静地跟在她的后面，陪着她看各种型号的车。当她说出自己想了解某种车型时，店员才开始说话。针对某一型号的车，她足足说了 10 分钟自己的观点和看法，期间，店员从没有打断她的话的意图，直到她把自己的话说完，店员才告诉她，她的一些观点是有误区的。

和第一家店不同的是，她觉得这位店员很尊重她，总是按照她的意愿来推荐车的型号。最后，她选中了这辆别克车，问店员这台车当自己的生日礼物怎么样，店员马上送来了一束鲜花，并祝她生日快乐。然后店员真诚地告诉她，这辆车现在缺货，如要提车，需要加价 3000 元。她想都没想，当即决定买下这辆车。

第二个店员和第一个店员都十分热情，但是第一个店员犯一个致命的错误：在客户面前，不会克制自己，不顾及客户的感受，高谈阔论地发表自己的见解，不给客户说话的机会。第二个店员就比较聪明，自始至终都以客户为中心，让客户尽情地发表自己的意见和看法，给客户一种倾诉的满足感，然后再总结性地发表自己的看法以达到引导客户的目的。

每个人都认为自己的声音是世界上最悦耳、最动听的，并且每个人都有表达自己观点和看法的愿望。在倾听的过程中，一旦意见和客户发生分歧，很多销售者会迫不及待地打断客户的话，在客户面前高谈阔论、抒发己见，试图说服客户听从自己的观点。但是最终的结果往往是，煮熟的鸭子飞了，客户站到了竞争对手那一边。

请时刻记住，你并不是一个出售自己观点和看法的演讲家，你的工作是尽自己的所能满足客户的需求，并最终让客户购买你的东西，相比较你的夸夸其谈，客户的话“更值钱”。作为一名销售人员，如果不能够有效地克制自己，总是不顾及客户的意思和想法，口若悬河、高谈阔论，往往会导致销售失败。

戴尔·卡耐基还说过：“当对方尚未言尽时，你说什么都无济于事。”每个人都有一种自我表现的欲望，对于客户而言，他们想要通过在销售人员面前发表个人见解从而向销售人员证明：不要认为我什么都不懂。

诱导并鼓励客户开口说话

在产品销售的过程中，销售人员是一个不可替代的角色。你不要企图守株待兔，期望客户主动告诉你他们的需求，你的工作就是诱导并鼓励客户开口说话，在他说话的过程中，让自己做到用心倾听，尽可能多地了解客户的信息，然后用自己敏锐的判断力来发现成交的信号，并准确无误地把握成交的时机。

有一家汽车公司，准备出一款新车型，想要选用一种皮料来装饰汽车的内部。经过筛选，有三家公司进入了汽车公司的考虑之中。三家皮料厂都向汽车公司提供了自己的样品。汽车公司董事会经过研究，决定请每一个厂商派一名代表，进行产品功能的讲解说明，然后决定与哪家公司签约。

三家厂商的代表都如约而至。但是，其中一名业务代表临时患了喉炎，无法长时间讲话，只能请汽车公司的采购部主任代为说明。

其他两个竞争者都滔滔不绝地介绍自己公司产品的优点、特点和市场竞争力。他们说完以后，由汽车公司各个部门的主管进行提问。

患喉炎的业务代表不能多说话，只能静静地听各个部门对另外两个谈判代表的提问。

在倾听中他发现，在皮料的所有问题中，汽车公司最看重的是“皮料的透气性好不好”，这个问题就是能不能成交的关键。汽车是奢侈品，每一个客户都希望得到最高级的享受，所以对皮料的透气性能要求相当严格。而他所在的公司最近刚从德国引进了一种新技术，可以对皮料进行技术上的处理，极大地增强了皮料的透气性。于是，他告诉替自己进行产品说明的汽车采购部主任，在进行产品介绍的时候，着重讲解皮料的透气性能，并且指出，如果能够达成合作协议，还可以根据汽车公司的需求，对皮料进行特殊处理，保证每一个买汽车的客户都能够满意。

最终这位不能说话的代表获得了1万张牛皮，总金额相当于800万元的大订单，这是他有生以来获得的最大的一笔订单。正因为他不能够张口说话，所以从倾听中找到了问题的根本，也从中抓住了成交的关键机会。

在公司的表功大会上，这位谈判代表说，自己是因祸得福，如果不是因为自己患了喉炎，绝对不可能拿到这笔大单。以前与客户沟通的过程中，他总是滔滔不绝，从来不会对客户进行察言观色，更不会去揣摩客户内心真正的想法和需求，因此也就没有做成过如此大的生意。

如果倾听真的是一种与生俱来的能力，就如同吃饭和饮水那样简单，那为什么我们常常会在倾听中走神？又为什么对别人所提到的信息只留下一些模糊的印象呢？

原因在于大多数人并不把倾听视为一种重要的能力进行训练。倾听对于大多数普通人来说也许并不算什么，但对销售人员来说，学会倾听，并在倾听中准确把握成交的时机是销售工作中必备的能力。

销售人员与客户沟通交流，掌握信息是十分重要的。销售人员不仅要了解客户的目的、意图、打算，还要及时掌握不断出现的新情况、新问题。要想得到这些，就必须认真倾听，察言观色，在倾听中找到最适合成交的机会。

聆听是最简单的销售方法

销售中一种最简单的销售方法就是聆听。“雄辩是银，倾听是金”这句话更是销售中的名言警句。在与客户沟通的过程中，如果你对客户的话感兴趣，并且心甘情愿地当客户的听众，这种主动精神会让你的订单不请自来。就算客户在下订单之前，出现了短暂的沉默和犹豫，你也千万不要用自己的话来打破这片沉默，而是给他足够的思考时间。相反，如果在客户还没有做出决定之前，你总是口若悬河地说服客户或者自作主张地帮客户下订单，这样你就会打断客户的思路，让客户感觉你目的性强，没有站在他的角度思考问题。这样，客户就会放弃购买的决定，然后无情地离开，到时候让你后悔不已。

丁健是一家网络公司的销售人员。他在销售行业打拼半年多了，却没有拿下一份订单。而和他同时进入这家公司的刘伟却平步青云，仅用了三个月的时间就从一名普通员工做到了销售部经理的位置。丁健很疑惑，自己每天早出晚归，拼死拼活地工作，却收获甚微，刘伟很少出门拜访客户，每天只是轻松地打几个电话，订单就源源不断。

终于，丁健鼓足勇气，走进经理办公室，将自己的疑惑告诉了李经理。李经理给丁健倒了杯水，让他坐下。

李经理说：“我给你讲一个故事吧，这是我的亲身经历。

“有一天，我去一家大型化工厂进行业务销售。我见的第一个人是一位很年轻的领导，三十出头。我觉得这个人这么年轻就走上了领导岗位，肯定有他的特殊才能。我试着与他攀谈，在聊天的过程中，我觉得自己的心情非常愉快，认为这是一个值得交的朋友。而那位年轻领导对我的印象也相当不错。奇怪的是，向来目标明确的我，在和他聊天的时候竟然完全忘了自己的使命，和他聊的内容天南海北，全是和我的目标无关的话题。

“那位年轻的领导是一个‘海归’，在国外学的是经济专业，非常喜欢聊中国的经济。我虽然不怎么精通，但是很感兴趣。他在我面前讲得相当投入，虽然他说出的很多专业术语我都不懂，但是我像着了魔似的，非常急于听到他讲自己对中国的经济现状、对化工产业的现状的看法。聊完的时候，天早已黑了，我起身离开厂区的时候，才发现自己把任务忘得一干二净。当时也十分懊恼，后悔自己不该只去倾听客户的兴趣，而忘了自己的工作和使命。

“第二天，我刚到公司，就接到了一个电话，是那个年轻领导打来的。他很爽快地说：‘昨天和你聊得非常开心。谢谢你让我有一次把自己的建议和观点说出来的机会，这让我的心里不再感到压抑。你下午把合同带来吧，我们建立长期的合作关系，我相信和你合作一定很愉快。’

“后来我才知道，这个年轻领导是那个化工厂的副厂长，由于他的理念和观点太过超前，不被老厂长接受，他常常因为没有施展自己才华的机会而郁闷不已。正是因为遇到了我，让他有了痛痛快快阐述自己观点的机会，所以他认为终于遇到了知己。因为我们志趣相投，除了在工作上的合作，我们还很快就成为无话不谈的朋友。后来，他又帮我介绍了很多的业务。”

听到这里，丁健茅塞顿开，恍然大悟……

有经验的销售人员都知道，对客户的话语保持一种无限的好奇心，时刻保持着一种不听不爽的激情，心甘情愿地做客户的听众，与客户进行心与心的交流，这是一种主动精神。只要做到这些，我们有时候得到的就不仅仅是眼前的交易，潜在利益也会接踵而来，我们不用再东奔西跑，订单就会不请而来。

同理心是赢得客户的口才技巧之一

A：您根本不了解我公司的实际情况，事实上……

B：平心而论，您说的情况是存在的，如果状况变成这样，您看我们是不是应该……

A：您这个想法可不对，因为……

B：我很理解您有这样的想法，我第一次听说时也和您一样气愤，可后来我做了调研，如果实际情况是……

上述两组内容中，同样的意思，A、B 两种说法是否给人不同感觉呢？是不是 B 的表达方式更容易让人接受呢？这就是通过表达同理心解决问题的方法，在倾听时，先向客户表达自己的认同，承认客户意见的正确性，这种同理心会与客户产生共鸣，继而巧妙转折，表达在这种状况下客户所理解的部分偏差或分歧，将劣势转化为优势，杜绝直接反驳客户造成的负面影响。

客户：成交金额太大了，恐怕我不能马上支付，钱给了你，这个月我就甭过了！

销售人员：是的，大多数人都和您一样，成交是不容易做到的。如果我们配合您每个月的收入状况，采用分期付款的方式，您觉得怎么样呢？

销售人员先表达同理心来认同客户的疑问，再成功解决客户支付困难的异议，客户也自然地接受了他的意见。人就是这样，不管自己的话有没有道理，当被别人直接反驳时，内心总是不舒服，甚至会被激怒，尤其反驳自己的还是一位素昧平生的销售人员。因此，销售人员要善于利用同理心来化解客户的异议，不但可以软化销售人员提出不同意见时的语气，还容易让客户接受，客户也不会因为自己的意见被反驳而恼羞成怒。

“是的，我理解您的意思，如果实际情况是……那您会做何选择呢？”

“是的。我理解，很多人都关心价格，如果您说的那款产品返修率很高，您还觉得它值吗？购买家庭常用电器，质量才是最应该考虑的因素，您说呢？”

用一些“我同情”“我了解”“我懂你的意思”“我也有这种感觉”之类的字眼。这些字眼表示你真的了解，你也很开心，并认同他提出的异议（不论是价格、尺寸、颜色还是款式等），不过你会确保各方面都能令他满意。提供宽阔的肩膀、同情的心态，来解除更多客户的疑惑、犹豫，甚至敌意，而不是无情地指出冷硬的事实。

客户和我们一样，也需要温暖、需要认同，尤其是在他们情绪不佳的时候。所以销售人员更要讲求这样一个技巧：多向客户表达同理心。让客户感觉到你和他有同样的感受，就会与客户产生共鸣，这样既可拉近彼此的距离又能促进沟通效果。

客户：在吗，掌柜的？

网店客服：您好，亲！客服××为您服务。请问我可以帮您什么？

客户：我在你们店里买了两件衣服，订单号是××××××，可快递来了，里面只有一件啊。这是怎么回事？我明明买了两件衣服。

网店客服：亲，您别着急。我理解您的心情，遇到这种事我也会很郁闷。请稍等，我给您查一下！

客户：能不急吗！本来是母亲节准备送给妈妈和婆婆的，这下送不了了！

网店客服：亲，发生这样的事，实在抱歉。您稍等，我马上帮您查一下，然后咱们一起想办法。好吗？

客户：好的。那就抓紧吧！

案例中，网店客服人员的一句“亲，您别着急。我理解您的心情，遇到这种事我也会很郁闷”，这种“感同身受”的语言让客户懊恼的心绪获得了些许安慰，而“亲，发生这样的事，实在抱歉”，则充分显示了网店客服人员站在客户的角度想问题、办事情的真诚态度。接下来的问题解决就变得相对容易了。

在销售人员与客户交谈或者在交易的整个过程中，客户难免会出现不满意、抱怨，甚至情绪激动的情况。此时，销售人员就可在倾听时先向客户表达同理心，如用“我理解您，换作我也一样会生气”“我理解您的心情，您先消消气”等类似的语句先舒缓一下客户的情绪，调整一下当时的交谈气氛，然后再问清其具体情况、解决实际问题。

同理心，其精髓在于“站在对方的角度理解问题，将心比心，从而理解对方那样说、那样做的原因，以减少误会和冲突”。这当然也应成为销售人员赢得客户的心的口才技巧之一。

倾听的时候先向客户表达同理心，安抚一下客户的情绪，然后再解决问题，这是销售人员成功的必要技巧。

·第十一章·

毫无意义的谈话是浪费时间

在这里，我们要明确一点，我们和客户沟通的目的不仅仅是交换信息，不只是告诉客户你的产品多好，或者让客户告诉你项目有多大，而是在和客户沟通中建立一种信任感和亲密关系。只要关系到位了，信息交换才能信手拈来，随拿随到。高质量的沟通也是一种时间效率，省了反复沟通的次数，节约了时间。客户来访，提前做好准备，把要沟通的事情一次性全部沟通到位，因为面对面沟通是最高效的沟通。

弄清谁是决策者

在销售过程中，销售人员常常会遇到这样的情况：当销售人员满怀热情地为客户介绍产品，客户对产品也很满意，销售人员信心满满地以为客户会购买时，客户却说："这事我决定不了。"这句话犹如一盆冷水浇灭了销售人员的热情。一些销售人员以为客户这样说就等于拒绝购买，于是就放弃了销售，其实，你只是找错了人，没有找到决策者。这时，千万不要前功尽弃，应该弄清谁是起决定作用的人，然后再与有购买决策权的人进行沟通。

在西方流传着这样一个故事：

有一天，一只猴子犯了错误，上帝决定惩罚它，于是让它从山下往山顶上搬一块巨石。什么时候将巨石搬到山顶，什么时候结束惩罚。可是石头太大了，猴子根本搬不动，只好沿着山路将它滚上去。上帝觉得这样的惩罚太轻了，就决定戏弄一下猴子，他让一只狐狸在半山腰等着猴子，每当猴子将巨石搬到狐狸所处的地方时，狐狸就想各种方法来调戏猴子。猴子每次都被激怒，稍不留神，石头就滚下了山，于是猴子不得不再次开始它艰苦的滚石上山的历程。

在猴子看来，捉弄它的是一只狐狸，但是它并不知道，狐狸只是一个执行者，它只是按照上帝的意愿办事，自己并没有最终的决定权。

在销售中，也可能会遇到相似的事情。当一个客户用"这事我决定不了"来回答你时，可以断定，这个发出拒绝信号的人并不是你要找的关键人物，他有可能是具有决策权的人特意安排来阻断你销售行为的"狐狸"，这只"狐狸"的工作是阻断你的销售达到"山顶"。这时，你一定要知道，如果不成功绕过这只"狐狸"，你恐怕永远都无法把“石头滚上山顶”，无法见到决策人，并将产品销售给他。

销售人员一定要做一只聪明的“猴子”，绝不能让“狐狸”的诡计得逞。要让自己在销售的过程中，斩荆披棘，排除各种障碍，从而将“石头”顺利滚到山顶。

小王这次的任务是将自己公司的数控车床销售给一家数控厂。他来到了这家车床厂的外联部门，看到一位中年人正在看报纸。

小王：“您好，我是××数控车床厂的小王，有件事情想请您帮忙!”

中年人：“请讲。”

小王：“前天我打电话已经预约了，贵厂负责人让我带来我公司产品的信息来当面洽谈，并给予我答复。”

中年人：“你说的是什么信息啊？我怎么不记得了？”

小王：“没关系，您的事情太多，忘记也很正常，就是关于贵公司要进一批数控机床的事。”

中年人：“哦，这件事啊，我决定不了，这个我需要和××商量一下。商量完了给你答复，好吗？”

小王有些晕，这明摆着是被拒绝了，没商量好让我带着资料大老远地跑这来。但小王不甘心，决定继续努力促成销售。

小王：“这事谁决定？”

中年人：“当然是厂长了。”

小王：“那倒是，请问厂长贵姓？”

中年人：“姓赵。”

小王：“请问贵厂对新数控车床的需要急不急？”

中年人：“比较急。”

小王：“出于礼貌，我想在合作之前，向赵厂长问声好，可以吗？”

中年人："当然可以了。"

小王："您认为我什么时候见他比较合适呢？"

中年人："你明天打电话过来吧！"

小王："那他的分机号码是多少？"

中年人："××××。"

小王："谢谢您。祝您工作顺利！再见！"

第二天，小王直接给赵厂长打电话，并约了下午三点在厂长办公室见面。最终，小王通过自己的努力，做成了这笔生意。

当客户说"这事我决定不了"时，小王意识到，他找错了人，这笔生意还要找直接负责人，只有直接负责人拍板了，这笔生意才能做成。所以，小王提出直接去见赵厂长，最终谈成了这笔生意。和一个不能做决定的人谈，无异于对牛弹琴，别把自己宝贵的时间浪费在这些无谓的事上。

将时间效益最大化

这是一个快节奏的时代，每个人都来也匆匆，去也匆匆。“忙”“我没时间”成了我们每个人的口头禅。当然，更成了一种最为高雅的拒绝理由。“没有时间”这句话，不但理所当然地拒绝了他人，更证明了自己在这个社会有着重要的地位和身份。

其实，“我很忙”是一个很模糊的回答。一旦有客户对你说“我很忙”，你就要迅速准确地做出判断，他是真的忙，还是他不想和你说话，认为和你谈话毫无意义，纯粹是浪费时间。

有位乞丐，每天都能乞讨到300多元。很多人都感到奇怪：“为什么一个乞丐有这个本事，每天‘挣’得比普通工人都多呢?”

一位记者采访了这位牛人乞丐。记者说：“你有什么乞讨的秘籍吗?”

乞丐说：“是的。我的乞讨方法确实和别人不一样。”

“我很好奇，你能给我具体介绍一下吗?”记者的兴趣显然被调动了起来。

“不用介绍，你只要细细观察我行乞的行为就行了。”乞丐说着就开始“工作”起来。

乞丐静静地站在路边，等待着“猎物”的到来。

十分钟过去了，先后从对面走来三个人。一位男士夹着公文包，走得很快，乞丐站在那里没有动。另一位中年女士拎着从超市买的两大袋东西走过来，乞丐还是没有动。最后一位妙龄少女用手拎着从同一个超市买的一袋东西走了过来。乞丐看到后，立即向妙龄少女走去。让人意想不到的是，没怎么费力气，少女就给了乞丐5毛钱。乞丐笑着朝记者走来。

记者一脸的疑惑和不解："据我了解，别人行乞都不会找妙龄少女，更不会像你那样轻松就达到目的。你是怎么做到的？"

乞丐笑着说："没有别的方法，我只是不给我的'客户'说'我很忙'的机会。"

记者更加迷惑了。

"对啊，我能在第一时间判断出我的'客户'有没有时间给我，让我来'工作'。"

"你怎么判断？"记者的兴趣被他调动得更高，"就拿刚才那三个人来说，你怎么判断的？"

"第一位男士，夹着公文包，走得很快，肯定是在赶时间；第二位女士拎着两大袋东西，两手都被占着，肯定'很忙'，没时间给我钱；第三位妙龄少女，她刚从超市出来，买了一点东西，手里肯定有零钱，而且，她走得很慢，肯定不是急着赶时间，所以她一定有很多的时间让我达到目的。"

"你是说，要第一时间看出客户是否真的很忙，对吗？"

"对啊，当我在寻找'客户'的时候，我会第一时间判断他是否在忙。这样不会浪费他的时间，也不会浪费我的时间……"

举个例子来说，当某个小伙正在热恋中，他会把所有的心思都放在爱情上。这时，爱情对他来说是一件非常重要的事。其他的事情，如应酬、娱乐等对他来说就是浪费时间，自然也就懒得应付。但是很不幸的事情发生了，他的母亲突然病了，在住院，那么，对他来说谈恋爱就没有了时间，因为他认为照顾母亲是最重要的事情。他不可能说"母亲，对不起，我很忙，正在忙着谈恋爱，等我把恋爱谈成了，再来照顾你"。此时，在他心中，照顾母亲比任何事情都重要。

这就是问题的根源所在。当一个人面对自己认为重要的事情时，他总会有时间；而当一个人面对自己毫无兴趣或者不重要的事情时，

“我很忙”就是最好的借口。对于一名销售人员而言，我们的时间也同样宝贵。当客户对你说“很忙”时，你在第一时间就要做出判断，究竟是真的很忙，还是有的是时间，只是对于你的谈话不感兴趣。后者，需要你改变策略，多增加一些吸引客户的因素，而前者，则需要你及时刹车。这样，我们不但珍惜了自己的时间，也将时间效益放到了最大。

时间就是金钱，时间就是生命。我们不但要珍惜自己的时间，也要珍惜别人的生命，把有限的时间用在最有用的地方，这是我们活在这个世界上的最基本出发点，毕竟我们每个人活在这个世界上的时间都是那么有限。

将专业的话讲清楚

虽然客户是由于需要才来购买产品的，但大多数客户并不是产品行家，可以说都是一些门外汉。真正的行家是少之又少的，专家型的客户来购买产品，更多的时候是不需要销售人员详细介绍产品的。需要销售人员详细介绍产品的，绝大多数都是不了解产品的客户。所以销售人员能否将产品用专业的术语介绍清楚将是取得客户信任的关键因素。

这很好理解，销售人员的介绍就是为了使客户能够清楚了解产品的情况。如果销售人员将产品情况介绍得一塌糊涂，专业术语说得不清楚，自然很难获得客户的信任，销售也就很难取得成功。

乔特是美国阿拉斯加州州政府采购员，一次他受命为民政部门采购一批办公用品。采购中，他与一个销售信件分报箱的小伙子进行了沟通。乔特向他说明了民政部门每天可能收到信件的大概数量，并对采购的信箱提出一些要求。这个小伙子考虑过后，告诉乔特，他们可以提供民政部门需要的那种信箱，也就是 CSI。

乔特不太明白 CSI 是什么东西，就问：“什么是 CSI?”

小伙子答道：“就是你们需要的信箱。”

乔特又问：“那它是什么材质的？金属的、纸板的、还是塑料、抑或是木头的?”

“哦，如果你们想用金属的，那就是需要我们的 FDX，我们也可以给 FDX 配上两个 NCO。”

乔特不明白，不过他没有追问下去，而是又问了另外一个问题：“我们有些打印件的信封会很长，那该如何办?”

“哦，如果有这样的情况出现，你们可以用配有两个 NCO 的

FDX转发普通信件，而用配有RIP的PII转发打印件。”

听到这儿，乔特忍不住发火了：“小伙子，我要弄清楚产品的材料、规格、性能、使用方法以及价格等，而不是一大串让人听不懂的字母，我真的不明白你到底在说什么？

听到这儿，这个小伙子又说道：“哦，我说的是我们产品的产品序号。”

最后，乔特又找人帮忙，才总算弄清了这个销售人员口中所谓的CSI、FDX等。这项交易还是没有达成，因为虽然弄清楚了产品的材料、规格，以及使用方法、容量、价格等情况，但是对于那个销售人员，乔特还是无法做到完全相信，所以他最终放弃了那次交易。

由此可见，销售人员在与客户沟通、给客户介绍产品时，一定要将专业的话说得清楚明白，以求获得客户的信赖。那么，如何才能将专业的话讲得清楚，引起客户的兴趣呢？通常要遵循下面几个原则。

首先，要使用多数人能理解的词。虽然要求讲专业话语，但一定要使用多数人能理解的词，而不要使用“研究家的语言”，因为过于“专业”的语言，绝大多数客户是无法理解的。

其次，要使用恰当的描绘性的词。为了使有关产品的描述内容生动有趣，勾起客户倾听的兴趣，应努力使用恰当的描绘性的词语。

最后，要避免使用枯燥乏味的词。这类词的使用会给客户留下极为不好的印象，进而会影响到客户的情绪，给销售人为设置了障碍。

总之，介绍产品的话一定要说得清楚明白，争取让每一位客户都能听得懂，才能为销售打开一片广阔的天地。

将时间花在有用的地方

俗话说“强扭的瓜不甜”。如果别人真的不需要，我们还去苦苦纠缠，不但浪费了精力，还浪费了下一次交易的时间。最好的解决办法就是，一旦听到客户给我们发出了类似于“我不需要”这样的信号，就马上清醒地意识到，这不是你想要找的目标，然后再去寻找下一个目标，将时间花在最有用的地方。

王宁是一家网络公司的电话销售人员，公司是专门做网站建设方面业务的。一天，她接通了一位客户的电话。

王宁：“您好，请问是××公司吗？”

客户：“是的，有什么事情吗？”

王宁：“请问您贵姓？”

客户：“免贵姓吕。”

王宁：“哦，吕经理，可以这么称呼您吗？”

客户：“随便，只要你愿意。”

王宁：“我在网上了解了一些贵公司的资料，觉得贵公司的业务做得十分好。”

客户：“谢谢你的夸奖。”

王宁：“但是，吕经理，您觉得您的网站做得怎么样？您满意吗？”

客户：“一般吧，还算过得去。”

王宁：“那您还需要改进吗？”

客户：“你是什么意思？直说吧，不用绕弯子了。”

王宁：“是这样的，吕经理，我们公司是专门做网站业务的，有很多的成功经验。我们觉得你们公司的网站在某些方面做得还不够尽善尽美，需要做一些改进。您认为呢？我们可以给您提供一些帮助。而且我们公司可以专门上门进行服务，做到让您满意为止。”

客户：“对不起，我们没有这项预算。谢谢。”

王宁：“吕经理，我们的费用在全国来说都是很便宜的。您一定要考虑一下。”

客户：“你烦不烦，都说了不需要了。请不要再打来了。”

王宁：“吕经理，您听我说好吗？吕经理……”

“啪”，电话挂了。

王宁没有输在自己的销售技巧上，也没有输在自己的努力上，而是客户真的不需要这方面的服务。王宁没有及时发现客户语言背后的真实含义，还以为是客户在委婉拒绝自己，还想努力挽回这次交易。其实，她完全没有必要这么做，客户一旦说了“我不需要”，那可就是他真的不需要了。

并不是每一个客户都会在此时此刻需要你的商品，所以，我们遇到拒绝的时候，不要灰心，也不要死缠烂打。与其把时间花在一个根本不可能实现的交易上，还不如早点改变方向，寻找下一个目标。变通，让你不至于总是空手而归。

听懂顾客的积极信号

“价格太贵了”，你是否经常听到客户给你这样的回答？有很多销售人员以为，一旦听到客户这样的回答就意味着自己被拒绝了。其实对于客户提出的“太贵了”这样的问题，严格来说，还算不上一种拒绝，这其实是一种积极的信号。

当客户告诉你“太贵了”时，销售人员应该看到的是有可能成功的“积极信号”。因为在他的眼里，“太贵了”是唯一不能让他满意的地方，有可能是价格超出了他的消费水平，也有可能他感觉根本不值这么多钱，但实际上他已经接受了除这个因素之外的其他各个方面。这个时候，你应该趁热打铁，更进一步，积极地去打消客户的这种念头，促成这笔交易。

下面我们先来看一个失败的案例：

(一个服装店)

销售人员：“您好先生，欢迎光临。这是今天刚到的新款，请随便看看，看中了可以试穿。”

客户转了一会儿，挑中了一件红色的T恤，对销售员说：“把这件拿给我看一下。”客户试了一下，感觉很满意。

客户：“这件多少钱？”

“打完折后，180元。”销售人员说。

客户：“你们的价格太贵了。”

销售人员：“不会啊，先生，这个价格可是全市最低的哦。”

客户：“可是我还是觉得高了些。”

销售人员：“那没办法了，这是最低价了。”(销售人员觉得客户拒绝了自己)

客户扭头就走了。

这位销售人员没有成功的最根本原因在于，没有听出“太贵了”的弦外之音，忽略了“价格太高”的真正含义。

我们再看一下改变策略而成功的案例。

客户：“这件T恤多少钱?”

销售人员：“打完折后，180元。”

客户：“你们的价格太贵了。”

销售人员：“不会啊，先生，这个价格可是全市最低的哦。”

客户：“可是我还是觉得高。”

销售人员：“要不然这样吧，我向我们店长汇报一下，看还能不能再给您一些优惠?”(听出了客户的言外之意，仅仅是觉得这件商品不值那么多钱。)

客户：“好的。”

(过了几分钟)

销售人员：“先生，我刚同我们店长商量了一下，考虑到我们是第一次合作，打算给您优惠20元。160元，您看行吗?”

客户：“还是有点儿贵。”

销售人员：“我很想交您这个朋友，我再跟我们店长说一下。”

(过了一会儿)

销售人员：“先生，最低150元。不能再低了。”

客户：“好的，能不能刷卡?”

俗话说“变通生财”。第二个销售人员很聪明，能从客户的一句“太贵了”捕捉到有用信息，让自己变被动为主动：只要打消客户对价格的顾虑，其他也就不成问题了。有问题就有解决问题的方法，只要我们抓住问题的关键，再接再厉，就会不费吹灰之力将一切问题解决。

每个人在购物时，都想用最少的钱，买最好的东西。解决这种心理的最好办法就是，让客户明白他买的东西是同类产品中最好、最上档次的，让他感觉自己花的钱是物有所值，这样客户自然也就乖乖地掏钱了。

在接触客户初期，销售人员常会得到客户向后拖延的委婉拒绝，事实上，他只是在应付你。此种情况下，销售人员要学会“给客户一个期限”的说话技巧，使自己变被动为主动。

1. 主动与客户约定下一次电话拜访时间

客户：“寄一份资料给我吧，我看看再跟你联系！”

销售人员：“张总，您日理万机，还是我联系您吧！”（赞美客户的同时给自己找了一个再次联系的理由）“您看我三天后的这个时间给您打电话，可以吗？”（约定时间）

客户：“好的。”

2. 约客户在最近的时间点再次联系

客户：“我明天出差，这周都没有时间，先寄一份资料给我吧！”

销售人员：“那您看今天下午3点我过去拜访您可以吗？我也只需要您3分钟的时间介绍一下我们的这个活动！”（明天以后都没时间，那就约在今天）

客户：“那好吧，不过只有3分钟的时间啊！”

总之，若客户拖延，销售人员就给他设一个期限或者指定一个时间点，目的当然是化解客户的拒绝，成功获得再次接触的机会。千万不可听任客户的拖延之词，自己主动出击才是销售成功的王道。

常用话如：“您平时那么忙，哪会记得这样的小事，还是我联系您吧！您看周四或周五，您哪天方便？”“咱们做事赶早不赶晚，您看我明天下午就给您送样品，顺带给您现场演示一下，怎么样？”

客户拖延，销售人员给他一个期限，这不仅化解了客户的拒绝，也给自己创造了再次接触的机会。

当有客户对你说：“寄一份资料给我吧。”你一定要明白，这是一位安于现状、不喜欢改变的人，他给出这样的答案，只不过是一个美丽的谎言。但大多数的销售人员似乎对这种善意的谎言情有独钟。他们一听到客户这样要求，就乖乖地寄去了一份资料，等待客户的佳音，但结果可想而知，往往从此失去了客户的音信。

当你在销售中遇到这样的情况时，一定不要让自己像一个被冷落的怨妇似的，无奈地“独守空房”。你要运用自己的销售策略和技巧，让他们对你的产品产生购买的兴趣和欲望。

下面我们来看一个成功的典型案例：

小孟是洛阳一家化妆品市场的电话销售人员，她的主要任务是请客户来现场参加化妆品的展销会，下面是她与客户的一段对话。

小孟：“您好，请问是吴总吗？”

客户：“是的，我就是，你有什么事吗？”

小孟：“吴总是这样的，我是小孟，前几天跟您联系过，上一次我们谈得很开心。”

客户：“哦，想起来了，你就是那个化妆品展销会的小孟吧？”

小孟：“吴总，我真是太高兴了，您还能想起我。我今天特地打电话来告诉您一个好消息。”

客户：“什么好消息？”

小孟：“不过在说这个消息之前，我想先请教您一个问题。”

客户：“好的。”

小孟：“公司的销售业绩怎么样？”

客户：“还行，说得过去。”

小孟：“公司的市场占有率有多少？”

客户：“大概是5%吧。”

小孟：“那您公司的产品在洛阳的占有率怎么样？”

客户：“不足2%。”

小孟：“吴总，您也一定很想打开洛阳的市场，增加您产品的知名度，让公司的业务越做越大，独占化妆品行业的鳌头吧？”

客户："那是当然了。"

小孟："您的困惑我大致了解了，我今天要告诉您的好消息就是，我们的化妆品市场这个月末将举行一场有关化妆品的专场展销会。跟您沟通了之后，我知道，您现在急需打开洛阳市场。所以，我们请吴总认真考虑一下，来洛阳参展，无论如何我们都愿意为您解忧。"

客户："这样吧，你寄一份资料给我吧，我看看再说，好吗？"

小孟："当然可以了，但我想请问一下，吴总，您是真的需要考虑还是在委婉地拒绝我，因为我是一个爽快的人，我希望您告诉我真实的答案。"

客户："我会和市场开拓部门沟通一下，如果需要的话，我一定会给你打电话的。"

小孟："我们一定不会让您失望。我现在马上给您发传真，请您把您的传真号给我吧！"

客户："××××××"

小孟："谢谢您的选择，吴总！我会在今天下午两点左右跟您联系，确认一下，好吗？"

客户："好的，谢谢！"

小孟的成功在于，她先运用足够的技巧，抓住客户的市场开拓的要求，并打动客户的心，最后，没有给客户留下敷衍自己的余地。这是每一个销售人员都应该做到的，否则我们所有的付出都是白费。

当客户对你说"寄一份资料给我吧"，你一定要明白，也许这正是客户拒绝你纠缠的委婉理由，他只是在应付你，我们常说"会哭的孩子有奶吃"，其实销售也是一样，要想让客户选择你的产品，就要主动出击，就需要更全面地向客户展现你，展现你公司和产品的优点，当你的产品在客户的心中留下深刻而良好的印象时，他自然就会选择你的产品。